有機薄膜太陽電池の
高効率化・耐久性向上に向けた構成部材の最新開発動向と応用展開・今後の展望

シースルー化・モジュール化・
市場展開の課題・信頼性確保のためのバリア材

監修／向殿充浩

執筆者紹介

第1章

第1節

佐野　健志　山形大学 有機エレクトロニクスイノベーションセンター長、教授／Ph.D.

第2節

平本　昌宏　自然科学研究機構 分子科学研究所 名誉教授
（東京工業大学 特任教授、奈良先端科学技術大学院大学 客員教授を兼任）／博士（工学）

第3節

尾坂　格　広島大学 大学院先進理工系科学研究科 教授／博士（工学）

第4節

吉田　弘幸　千葉大学 大学院工学研究院 教授／博士（理学）

第5節

佐藤　徹　京都大学 福井謙一記念研究センター 教授／博士（工学）

第2章

第1節

向殿　充浩　有機デバイスコンサルティング 代表
（山形大学 客員教授、株式会社teamSアドバイザーを兼任）／工学博士

第2節

硯里　善幸　山形大学 有機エレクトロニクスイノベーションセンター 教授（副センター長）／博士（工学）

第3節

松尾　豊　名古屋大学 大学院工学研究科 教授／博士（理学）

執筆者紹介

---------------- 第3章 ----------------

第1節

Arthur D. Hendsbee　Brilliant Matters Organic Electronics Inc.
　　　　　　　　　　Product Manager／PhD (doctor) in Materials Chemistry
　　　　　　　　　　材料化学博士

Varun Vohra　　　　Brilliant Matters Organic Electronics Inc.
　　　　　　　　　　Engineering Department Manager／
　　　　　　　　　　PhD (doctor) in Materials Science　材料科学博士

柳澤　　隆　　　　　株式会社GSIクレオス フェロー（執行役員）／
　　　　　　　　　　Brilliant Matters Organic Electronics Inc. Board Member
　　　　　　　　　　（取締役）／PhD (doctor) in Engineering 工学博士

第2節

福田　憲二郎　　　　国立研究開発法人理化学研究所／博士（工学）

第3節

家　　裕隆　　　　　大阪大学 産業科学研究所 教授／博士（工学）

第4節

渡邊　康之　　　　　公立諏訪東京理科大学 工学部 機械電気工学科 教授
　　　　　　　　　　（東京理科大学 総合研究院 再生可能エネルギー技術研究部門
　　　　　　　　　　客員教授を兼任）／博士（工学）

第5節

矢野　淳一　　　　　株式会社MORESCO デバイス材料事業部 デバイス材料開発部

目　次

第1章　有機薄膜太陽電池材料と最適構造　　001

第1節　有機薄膜太陽電池の高効率化の最新状況と材料開発・今後の展望　　002
　　　　　　　　　　　　　　　　　　　　　　　　　　山形大学　佐野　健志

はじめに　　002
1. 有機薄膜太陽電池の材料・デバイス技術　　003
   1.1 有機薄膜太陽電池のデバイス構造　　003
   1.2 低分子系有機薄膜太陽電池　　005
   1.3 高分子系有機薄膜太陽電池　　006
   1.4 非フラーレンアクセプター　　008
   1.5 ターナリーブレンド型有機薄膜太陽電池　　009
   1.6 自己組織化単分子膜の利用　　009
   1.7 添加剤による高効率化　　010
   1.8 非ハロゲン系溶剤　　011
   1.9 タンデム構造・多接合セル　　011
2. 有機薄膜太陽電池の応用展開　　012
   2.1 超薄型有機薄膜太陽電池　　012
   2.2 シースルー太陽電池　　012
   2.3 有機光センサ・近赤外フォトダイオード　　014
おわりに　　014

第2節　有機太陽電池実用化のためのキーポイント　　023
　　　　　　　　　　　　　　　　　　　　　　　　　　分子科学研究所　平本　昌宏

はじめに　　023
1. 短絡光電流　　023
2. 開放端電圧　　024
   2.1 電圧ロス　　024
   2.2 無輻射再結合　　024
      2.2.1 ジェミネート再結合（Geminate recombination）　　024
      2.2.2 2分子再結合（Bimolecular recombination）　　025
      2.2.3 トラップ誘起再結合（Trap-assisted recombination）　　026
      2.2.4 界面再結合（Interfacial recombination）　　028

3. 曲線因子　　　　　　　　　　　　　　　　　　　　　　　　028
　　　　3.1　無輻射再結合による光電流消失　　　　　　　　　　028
　　　　3.2　無輻射再結合と曲線因子　　　　　　　　　　　　　029
　　　　3.3　全ての無輻射再結合の抑制　　　　　　　　　　　　029
　　おわりに　　　　　　　　　　　　　　　　　　　　　　　　　029

第3節　有機薄膜太陽電池の高効率化に向けた材料開発　　　031
　　　　　　　　　　　　　　　　　　　　　広島大学　尾坂　格

　　はじめに　　　　　　　　　　　　　　　　　　　　　　　　　031
　　1. 有機薄膜太陽電池の材料　　　　　　　　　　　　　　　　031
　　2. 筆者グループにおける材料開発　　　　　　　　　　　　　034
　　　　2.1　高結晶性ポリマーの開発　　　　　　　　　　　　　034
　　　　2.2　低結晶性ポリマーの開発　　　　　　　　　　　　　035
　　おわりに　　　　　　　　　　　　　　　　　　　　　　　　　036

第4節　有機薄膜太陽電池の電子準位・励起子束縛エネルギーの評価法　　039
　　　　　　　　　　　　　千葉大学大学院工学研究院　吉田　弘幸

　　はじめに　　　　　　　　　　　　　　　　　　　　　　　　　039
　　1. エネルギーダイヤグラム　～一電子描像と全電子描像について～　　039
　　2. 有機半導体の電子準位は何で決まるのか？　　　　　　　　041
　　3. 電子準位の測定法　　　　　　　　　　　　　　　　　　　043
　　　　3.1　光電子分光法と逆光電子分光法　　　　　　　　　　044
　　　　3.2　CVによる酸化還元電位　　　　　　　　　　　　　　045
　　　　3.3　光電子分光法と光吸収・発光スペクトル　　　　　　046
　　　　3.4　量子化学計算　　　　　　　　　　　　　　　　　　046
　　4. 励起子束縛エネルギー　　　　　　　　　　　　　　　　　047
　　おわりに　　　　　　　　　　　　　　　　　　　　　　　　　049

第5節　振電相互作用密度理論に基づく有機エレクトロニクス材料の解析と設計　　051
　　　　　　　　　　　　京都大学福井謙一記念研究センター　佐藤　徹

　　はじめに　　　　　　　　　　　　　　　　　　　　　　　　　051
　　1. 序　　　　　　　　　　　　　　　　　　　　　　　　　　051
　　　　1.1　振電相互作用　　　　　　　　　　　　　　　　　　051
　　　　1.2　振電相互作用密度　　　　　　　　　　　　　　　　052
　　2. キャリア輸送材料への応用　　　　　　　　　　　　　　　053
　　　　2.1　正孔輸送材料の解析　　　　　　　　　　　　　　　053
　　　　2.2　電子輸送材料の解析　　　　　　　　　　　　　　　054
　　　　2.3　電子輸送材料の設計　　　　　　　　　　　　　　　055

3.	発光材料への応用	055
	3.1　発光材料の解析	055
	3.2　発光材料の設計	057
4.	非フラーレン系有機薄膜太陽電池材料への応用：電荷生成機構	057
5.	反応性指標としての応用	058

第2章　有機薄膜太陽電池の構成材料・封止・バリア　　061

第1節　有機薄膜太陽電池の事業動向と材料・構成部材の高性能化　　062
有機デバイスコンサルティング　向殿　充浩

はじめに		062
1.	有機薄膜太陽電池（OPV）の事業動向	062
2.	有機薄膜太陽電池（OPV）の材料・構成部材の高性能化	066
	2.1　フレキシブル基板	066
	2.2　ガスバリア技術	067
	2.2.1　スパッタ／ALD／スパッタ積層ガスバリア膜	067
	2.2.2　無機／有機交互積層ガスバリア膜	068
	2.2.3　ロールtoロールCVD法によるガスバリア膜	070
	2.3　封止技術	070
	2.4　透明電極技術	071
	2.4.1　ロールtoロール法によるフォトリソフリー透明導電膜形成技術	072
	2.4.2　透明導電ポリマー	073
	2.4.3　銀ナノワイヤー（AgNW）	075
おわりに		076

第2節　印刷や塗工が可能なウルトラ・ハイバリア膜の開発　　079
山形大学　硯里　善幸

はじめに		079
1.	有機エレクトロニクスが有する価値	079
2.	バリア技術	080
3.	真空成膜と塗布成膜	082
4.	ウェットプロセス×光緻密化によるウルトラ・ハイバリア	082
おわりに		086

第3節　有機薄膜太陽電池の電極へのカーボンナノチューブの活用技術　　089
名古屋大学　松尾　豊

はじめに		089
1.	カーボンナノチューブ（CNT）	089

1.1	CNTの構造および電子状態	089
1.2	CNTの製法	091
1.3	OPV分野におけるCNTの応用	091

2. 実験手順および評価方法　　　　　　　　　　　　　　　　　　092
 2.1　逆型OPVセミモジュールの作製方法　　　　　　　　　092
 2.2　スプレー塗布によるドーピング　　　　　　　　　　　093
 2.3　CNT薄膜の可視光透過率測定およびシート抵抗値測定　　094
3. 実験結果　　　　　　　　　　　　　　　　　　　　　　　　094
 3.1　セミモジュールの特性　　　　　　　　　　　　　　　094
 3.2　CNTの抵抗減少に関する検討　　　　　　　　　　　　096
おわりに　　　　　　　　　　　　　　　　　　　　　　　　　096

第3章　有機薄膜太陽電池モジュールの開発と応用展開　　99

第1節　OPVの普及を妨げるコストと性能の問題、およびその解決の方向性　　100
Brilliant Matters Organic Electronics Inc.　Arthur D. Hendsbee, Varun Vohra
株式会社GSIクレオス／Brilliant Matters Organic Electronics Inc.　柳澤　隆

はじめに　　　　　　　　　　　　　　　　　　　　　　　　　100
1. OPVの現状　　　　　　　　　　　　　　　　　　　　　101
2. OPVの低コスト化に向けて　　　　　　　　　　　　　　102
3. 実験室と製造の性能ギャップを超えるアプローチ　　　　104
おわりに　　　　　　　　　　　　　　　　　　　　　　　　　105

第2節　超薄型有機太陽電池の高性能化と応用可能性　　111
理化学研究所　福田　憲二郎

はじめに　　　　　　　　　　　　　　　　　　　　　　　　　111
1. 超薄型有機太陽電池の構造と進展の歴史　　　　　　　　112
2. 当研究チームでの取り組み　　　　　　　　　　　　　　114
 2.1　接着剤いらずの超柔軟導電接合　　　　　　　　　　114
 2.2　再充電可能なサイボーグ昆虫　　　　　　　　　　　115
おわりに　　　　　　　　　　　　　　　　　　　　　　　　　116

第3節　農業用ハウスに向けた波長選択型有機太陽電池の開発　　119
大阪大学産業科学研究所　家　裕隆

はじめに　　　　　　　　　　　　　　　　　　　　　　　　　119
1. 有機太陽電池　　　　　　　　　　　　　　　　　　　　120
 1.1　有機太陽電池の基本構造　　　　　　　　　　　　　120
 1.2　透過型OSC　　　　　　　　　　　　　　　　　　　121

	1.3 OSCへの機能付与と波長選択性	122
2.	緑色光波長選択型OSC	122
	2.1 緑色光波長選択型OSCに向けたドナーの選択	122
	2.2 緑色光波長選択型OSCに向けたアクセプターの設計指針	123
3.	緑色光波長選択型OSCの開発	123
	3.1 緑色光波長選択的なアクセプター開発	123
	3.2 アクセプターの波長選択性が光合成速度に与える影響	124
	3.3 高性能な緑色光波長選択的アクセプターの開発	125
おわりに		126

第4節 波長選択型有機薄膜太陽電池のスマート農業応用　129

公立諏訪東京理科大学　渡邊　康之

はじめに		129
1.	営農型太陽光発電とソーラーマッチング	129
	1.1 営農型太陽光発電とその課題	129
	1.2 ソーラーマッチング	130
	1.2.1 ソーラーマッチングの原理	130
	1.2.2 農作物栽培に必要な光強度と発電に利用する光量	131
	1.2.3 農作物栽培に必要な光波長と発電に利用する光波長	132
2.	ソーラーマッチングの評価法	133
	2.1 光合成速度の原理と測定方法	133
	2.2 光合成測定の結果	133
3.	ソーラーマッチングの実証研究	135
	3.1 屋内栽培	135
	3.2 屋外栽培	136
4.	スマート農業応用に向けた検討	137
	4.1 環境制御による農作物栽培の収穫量及び栄養成分向上	137
	4.2 ソーラーマッチングによるスマート農業への実現性検討	139
	4.3 ソーラーマッチングによるエネルギーマネジメントシステム開発	140
おわりに		141

第5節 シースルー有機薄膜太陽電池（OPV）のプロセスと実用化動向　143

株式会社MORESCO　矢野　淳一

はじめに		143
1.	OPVの歴史・背景	143
2.	OPVの現状	144
3.	シースルー・フレキシブルOPVの性能	144

4. OPVの特長	145
5. OPVの製法	145
6. シースルーOPVの実用化（導入）状況	146
7. OPVに適した市場	147
おわりに	148

第1章

有機薄膜太陽電池材料と最適構造

第1章 有機薄膜太陽電池材料と最適構造

第1節 有機薄膜太陽電池の高効率化の最新状況と材料開発・今後の展望

山形大学　佐野　健志

はじめに

　有機薄膜太陽電池（Organic photovoltaic cell：OPV）は、次世代太陽電池の一種であり、特に、近年の活発な研究開発により目覚ましい性能の向上が図られている。研究開発レベルでは、エネルギー変換効率（Power conversion efficiency：PCE）が19％を超え、約20％の領域に近づいている[1-6]。有機薄膜太陽電池とは、発電層に有機材料を用いた全固体型の薄膜太陽電池であり、塗布あるいは真空蒸着などの簡便かつ低温のプロセスで形成できることが特徴で、ガラス基板のほか、プラスチックフィルムなどの基板上にも形成可能である。具体的な製造プロセス温度の観点では、従来の結晶シリコン太陽電池は、熱拡散（800～900℃）プロセスなどの高温プロセスが必要であり、既に薄膜型太陽電池として実用化されているアモルファスシリコン太陽電池においても、250～400℃程度の成膜温度が必要で、ポリイミドなどの高温耐性のある基板材料を必要としていたが、有機薄膜太陽電池においては、例えば150℃以下の低温プロセスで作製が可能なため、より安価な汎用のプラスチックフィルム上でも形成できることが利点である。

　有機薄膜太陽電池の最大の特長は、薄型・軽量性と、色やデザインの自在性である（図1）。プラスチックフィルムを基板に利用できることから、フレキシブル化が可能であり、設置や持ち運びにおいて、従来型の太陽電池に対する優位性がある。比較として、従来型のシリコン太陽電池では、基板に用いるシリコンウェハーの割れを防止するため、例えば、3.2 mm厚の分厚い保護ガラスを用いる必要があった。その結果、発電パネル全体の重量が非常に大きくなり（面積あたり重量：約12 kg/m^2）、耐荷重や安全性などの観点で、設置場所や設置方法に大きな制約がかかるといった課題がある。重量面の課題は、薄膜シリコンや化合物半導体を用いた太陽電池においても同様である。それに対し、有機薄膜太陽電池では、プラスチックフィルムなどのフレキシブル基板を用いることで、割れの心配がなくなり、大幅に薄型・軽量化した発電パネルを実現できる。例えば、試算として、厚み188～250 μmのプラスチックフィルム（種類：PET、PEN、ポリカーボネート等、重量：250～350 g/m^2）を基板に用い、同様の膜厚の保護フィルムをラミネートする形で、フレキシブル有機薄膜太陽電池を作製した場合、基材部分の厚み：0.4～0.6 mm、重量：500～700 g/m^{2}程度であり、従来のシリコン太陽電池パネルと比べて、厚み約1/10以下、重量面では約1/20の軽量化が実現可能である。

　このように、有機薄膜太陽電池は、従来型の太陽電池にない特長を有し、従来型パネルでは適用が難しかった未利用領域への応用などが期待されている。特に、高効率化や高信頼性化技術の開発は、本技術の実用化を加速する上で主要なエンジンとなるであろう。本節では、有機薄膜太陽電池のデバイス物理や技術的な課題、それらの課題にどのように対応し、材料及びデバイス技術を発展させてきたかという開発の歴史を踏まえつつ、変換効率の向上において要点と考えられる技術、最新の研究開発状況、今後の展望等について述べる。

図1　有機薄膜太陽電池の例（nano tech 2024（左・中：（株）GSIクレオス）、LOPEC 2024（右：OET）展示品）

1. 有機薄膜太陽電池の材料・デバイス技術

　有機薄膜太陽電池に用いられる材料は、低分子系と高分子系の2種類に大別される。ここで、低分子系材料とは、高分子系材料と異なり、分子構造と分子量が一つに規定されるものを指すこととする。基本的には、後述するデバイス構造や作製プロセスの違いによって、真空蒸着法を用いて形成されるものには低分子系材料、塗布法を用いて形成されるものには高分子系材料、という大まかな区分になる。ただし、塗布法でも低分子系材料は用いられており、さらに言えば、可溶性フラーレンや非フラーレンアクセプター材料の多くは、分子量が明確な低分子系材料であるので、塗布法では、低分子系と高分子系の両方が用いられるとした方が正しい。

　デバイス面では、有機薄膜太陽電池の特性は、短絡電流密度（Jsc）、開放電圧（Voc）、フィルファクター（FF）、エネルギー変換効率（PCE）の4つのパラメーターで主に評価される。それぞれのパラメーターは、材料物性との大まかなひもづけが可能であり、特性評価のフィードバックを受けて材料やデバイス設計の改良を進めていくことが可能である。例えば、Jsc：膜厚、光吸収量、励起子拡散長、電荷分離効率、再結合ロス、光学的ロス、Voc：活性層材料のエネルギーギャップ、材料間のオフセット電圧、界面とのエネルギーアライメント、FF：各材料の移動度、引き出し抵抗、PCE：それらの総合、により測定・評価値が変化する。有機薄膜太陽電池では、後述する通りこれまで数多くの材料が開発され評価が行われてきた。それらの知見の集積が、新たな材料及びデバイス技術の開発に活かされてきており、過去から得られた知見を振り返ることもまた重要である。以下、特徴的な材料区分に従って、これまでの材料技術の進展について説明する。

1.1　有機薄膜太陽電池のデバイス構造

　図2に有機薄膜太陽電池で用いられてきた主要なデバイス構造を示す。有機薄膜太陽電池の研究は、低分子系材料を用いたp/n平面接合（プラナーヘテロジャンクション：PHJ）の単純積層型素子の報告に端を発している[7]。当時の変換効率は約1％であった。有機薄膜太陽電池に用いられる材料は、シリコン結晶等に比べて励起子の移動距離（励起子拡散長）が短く、折角、光を吸収して励起子を生成できたとしても、励起子が、電荷分離が可能となるp/n界面にまで到達できないといった課題

があった。そこで登場したのが高分子系材料と可溶性フラーレンを混合したバルクヘテロジャンクション（BHJ）型である[8]。具体的には、p型材料（ドナー材料）とn型材料（アクセプター材料）を混合して塗布し、活性層（発電層）の中に無数の入り組んだp/n界面を形成したもので、それにより生成した励起子を効率的に電荷分離することができる。BHJ型は塗布法で簡便に形成できるといった特徴もあり、これまで多くの材料開発が行われてきた。具体的には、主にn型材料をフラーレンに固定し、p型材料（ドナー材料）の開発を進めることで、数％を超える変換効率が実現できるようになった。材料系としては、低分子系と高分子系の両方で開発が進んだ。高分子系材料では、ドナー－アクセプター（D-A）型の共重合体として、様々な高分子系材料が開発され、ナローギャップ化することで、より長波長域までの太陽光を吸収して発電することが可能となった。可溶性フラーレンとの混合により変換効率が7％を超え、さらには、10％を超えるBHJ型太陽電池が報告されるようになり、分野全体の研究が進んだ。オリゴチオフェンや縮合チオフェン、チアジアゾールなどのビルディングブロックの導入により移動度が向上し、ミクロな部分での結晶性や配向性の向上も検討されるようになった[9]。活性層の最適膜厚について、例えば60〜100 nm程度から、120〜300 nm程度まで膜厚を増やしても良好な変換効率が得られるようになり、膜厚が薄すぎて透過してしまう光のロスを減らすことができるようになった。電荷取り出しの方向を上下反対にした逆型のデバイス構造も開発され、大気中で安定なn型半導体層やp型半導体層の採用により高信頼性化を実現した[10]。2015年以降、さらに長波長の近赤外域の光を吸収し、従来のフラーレン材料を上回る、非フラーレンアクセプター（NFA）材料が登場し、変換効率の飛躍的な上昇が始まった[11-13]。ドナーポリマーと非フラーレンアクセプターの2成分によるバルクヘテロジャンクション型や、相補的な吸収あるいは開放電圧の維持に寄与するような第3成分を用いたターナリーブレンド型が開発され、変換効率が18％を超えるようになってきた。最近では、後述する通り、電荷取り出し層への自己組織化単分子膜の利用や、バルクヘテロジャンクション層における最適な相分離を制御するための固体昇華性の添加剤など、新たな材料技術が登場し、さらに変換効率の向上が図られている。

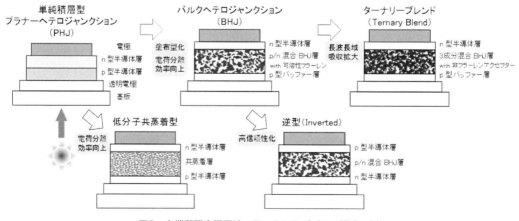

図2　有機薄膜太陽電池で用いられるデバイス構造の例

1.2 低分子系有機薄膜太陽電池

　低分子系材料は、分子構造と分子量が一つに規定されるため、ロット間の個体差を最小限にでき、また材料の代表的な合成及び精製方法がいくつか存在し、それぞれの手法が確立されているため、高純度な材料を容易に得ることができるなどの利点を有している。合成ステップ数の少なさと精製の容易さの両面で材料自体の低コスト化には有利である[14]。

　低分子系材料では、ホール輸送材料や電子輸送材料等、多数の材料が知られており、真空蒸着の方法を利用することで、共蒸着層や、多層積層構造を容易に形成できることも特長である。最適と考えられる素子構造に対して、積層順や膜厚等、各種の条件を振って検討が可能であり、基礎的な観点から情報が獲得できるため、デバイスの設計指針が得られ易い。一方、変換効率の点では、高分子系材料を用いたデバイスに一歩ゆずっている。これは、低分子系材料が、高分子系材料やペロブスカイト材料などと比べて、長波長域の吸収ができていない、励起子拡散長が短い、あるいは電荷移動度が低いなどの課題があるものと考えられる。低分子系では、実験上での経験として、膜厚あるいは短絡電流値と、フィルファクターとの間でトレードオフが生じやすい。例えば、60～80 nm程度の比較的薄い膜厚で変換効率の最大値が得られる場合が多く、ただしその膜厚では、薄すぎて吸収できる光量が少なく、一部の光を透過してしまう。逆に、光の吸収量を増やすために膜厚を厚くした場合、フィルファクターが小さくなり変換効率が下がってしまう。こういったジレンマを解決する手段の一つがタンデム化である。タンデム化の主要な目的は、高いエネルギーを有した短波長の光から順番に吸収し、高い電圧で出力しつつ、総合的に太陽光スペクトルを分割して、最適なエネルギー変換を行うことであるが、それに加えて低分子系有機薄膜太陽電池においては、各活性層の膜厚が薄い方が効率的な電荷取り出しにつながるというメリットもある。真空蒸着では多層積層化が容易であるため、2段あるいは3段の多接合セルが検討されている。低分子系材料の特徴を以下にまとめる。

（1）材料合成や精製が比較的容易。材料の高純度化や低コスト化にも有利。
（2）共蒸着層や多層積層構造の形成で設計指針が得られ易い。タンデム・多接合による高効率化が可能。
（3）励起子拡散長や移動度等の向上がネック。フィルファクターや変換効率の向上が課題。

　材料の進化や、タンデムもしくは多接合構造の開発により性能が向上している。ドイツのHeliatek社では、真空蒸着による多接合構造をベースとする製造方法を開発し、現在、有機薄膜太陽電池パネルの生産を行っている。

　有機薄膜太陽電池用の材料（図3）は、ドナー材料（p型）と、アクセプター材料（n型）の大きく2種類に分類される。そのうちドナー材料では多くの種類が報告されている。例えば、有機薄膜太陽電池分野の研究の端緒となった銅フタロシアニン（CuPc）等のフタロシアニン系材料[7]、ジベンゾペリフランテン（DBP）[15]、オリゴチオフェン誘導体[16,17]、チオフェン－ベンゾチアダイアゾール誘導体[18]、スクアリリウム誘導体（SQ）[19]等の材料である。DBPは真空蒸着により成膜可能な材料であ

り、基板に並行となる配向性も見出され、共蒸着や多層化等により7％程度の変換効率が報告されている[20, 21]。スクアリリウム誘導体は吸光係数が大きく分子設計によって適切なHOMOレベルの設定や、溶解性の制御が可能なため、共蒸着と塗布の両方で検討されており、同様に7％前後の変換効率が報告されている[22-24]。また、ベンゾジチオフェン（BDT）を用いたオリゴマーでは、8.5％を超える変換効率が報告されている[25]。BDTの誘導体のエンドグループにおける電子吸引性を制御し11％を超える変換効率が報告された[26]。ベンゾチアジアゾール誘導体とZnポルフィリン誘導体の2種類をドナー材料、$PC_{71}BM$をアクセプター材料として用いた系でも変換効率11％が得られたと報告された[27]。BDTとナフトビスチアジアゾール（NT）を連結させたオリゴマーであるBDTSTNTTRを合成し、溶剤にも工夫して、変換効率11.5％が得られたと報告された[28]。

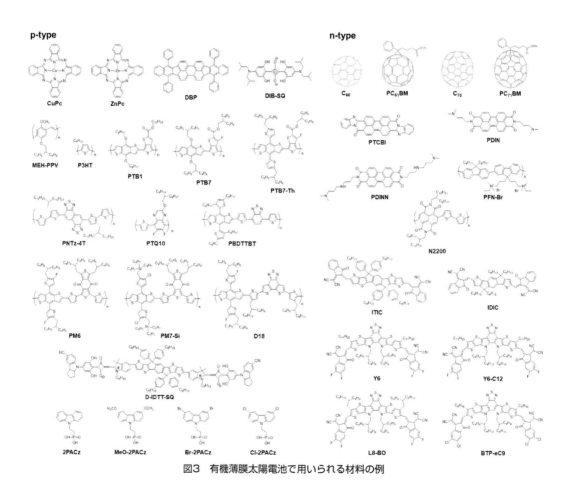

図3　有機薄膜太陽電池で用いられる材料の例

1.3　高分子系有機薄膜太陽電池

高分子系の有機薄膜太陽電池では、バルクヘテロジャンクション型の素子構造が一般的に用いられる[8]。これまで主にドナー材料としてのポリマー材料の開発が集中的に行われてきた。例えば、より長波長のフォトンを拾うためのナローバンドギャップ化や、高い開放電圧を確保するための電子

吸引基の付加等である。共重合によりPBDTTTという高分子系ドナー材料が開発され変換効率6.7％が報告された[29]。これに続き、ドナー－アクセプター（D-A）型の材料設計指針、すなわち物性の異なる2種類のビルディングブロックを共重合させた高分子の合成が進められた。π共役の拡大とD-A型の材料設計により、吸収波長域が拡大し移動度が向上、高分子系ドナー材料の代表格であるPTB7が開発され、変換効率7.4％が報告された[30]。ベンゾジチオフェン（BDT）とチエニルベンゾチアジアゾール（TBT）の共重合体であるPBDTTBTが報告された[31]。

2015年以降、より進化した高分子系ドナー材料が報告されるようになり、BDTとベンゾチアジアゾール（BT）の共重合体であるPBDT-BTを用いて9.4％の変換効率が報告された[32]。ナフトビスチアダイアゾール（NTz）やナフトビスオキサジアゾール（NOz）とクォーターチオフェン（4T）の共重合体として、PNTz4TやPNOz4Tなどの材料が開発され、結晶性の高い高分子膜を形成し、9％から10％を超える変換効率が報告された[9]。移動度等を向上させるため、ジチエノベンゾジチオフェン（DTBDT）を用いた共重合体であるPDBT-T1を用いて9.7％の変換効率が報告された[33]。オリゴチオフェンとベンゾチアダイアゾール（BT）の共重合体であるPffBT-T3を用いて変換効率10.7％が得られたことが報告された[34]。また、4Tの代わりにクォーターセレノフェン（4Se）を用いた共重合体PFBT4Seを用いて短絡電流22 mA/cm^2、変換効率8.9％が得られたことが報告された[35]。

素子作製上の界面に用いる材料やプロセス面での改良も進んだ。例えば、PTB7を長波長化した材料であるPTB7-Thを用い、逆構造においてZnO層の表面をポリエチルオキサゾリン（PEOz）で薄く修飾することで10.7％の変換効率が得られたことが報告された[36]。ITO上に電子輸送層としてAZOを成膜することでも10％を超える変換効率が得られたことが報告されている[37]。順構造の高分子系有機薄膜太陽電池では、電子輸送層側のバッファー層を工夫することで10.1％の変換効率が得られている[38]。同じく順構造で、PTB7-ThとPC$_{71}$BMを用いた一般的な構造の素子でも、添加剤として1.5％DIO＋1.5％ NMPを用いることで、10.8％の変換効率が得られたことが報告された[39]。

活性層の膜厚については、高分子系ドナー材料の分子量を上げかつ、200 nmを超える膜厚を用いることで、10％を超える変換効率が得られたことが報告された[40]。ドナー材料の移動度向上により、フィルファクターを低減させずに活性層の膜厚を増大し、光の透過によるロスを減らしたことが効率向上の要点と考えられる。高分子材料の純度については、高分子の両端（エンドグループ）に残る臭素の有無が、太陽電池の変換効率に大きな影響を与える可能性があることが報告されている[41]。

なお、上記低分子系及び高分子系有機薄膜太陽電池のアクセプターとしては、真空蒸着型では、C$_{60}$もしくはC$_{70}$、塗布型では、PC$_{61}$BMもしくはPC$_{71}$BMが一般的に用いられている。C$_{60}$に比べてC$_{70}$の方がわずかに長波長化し可視光域に吸収が増えるので、研究目的で変換効率の向上を図りたい場合には、C$_{70}$やPC$_{71}$BMが用いられる。

1.4 非フラーレンアクセプター

有機薄膜太陽電池の研究開発が新たな成長段階に入ったのは、非フラーレンアクセプター（Non-fullerene acceptor：NFA）の登場によるものが大きい。従来のn型材料：フラーレンは、光の吸収波長が紫外から青色の短波長領域(300〜430 nm)であり、吸光係数もそれほど大きくなかった。一方、非フラーレンアクセプターとして開発されたN2200[42]、ITIC[11]、Y6[12]、BTP-eC9[43]、L8-BO[44]などは、太陽光スペクトルの中でも多くのフォトンが含まれる可視光赤色〜近赤外領域（600〜950 nm）に吸収波長が設計されており、ドナーポリマー（例：PM6)[12]と混ぜて相補的に機能することで[45]、400〜950 nmまでの全域のフォトンを効率的に吸収できる。従来、フラーレン系材料を用いる以外では、有機薄膜太陽電池で高い変換効率が得られないと考えられてきたが、これらの近赤外吸収非フラーレンアクセプター材料の登場によりその常識が覆された。また、後述するように、活性層中に3種類の材料を混ぜたターナリーブレンドという方式や、中には4種類の材料を混ぜ込む方式も開発され、変換効率が19％を超えるまで研究開発が進展してきた。

非フラーレンアクセプターの開発史の一部を紹介すると、IDTBRという材料をアクセプターとして用い、P3HTをドナー材料として用いた素子では、フラーレンを超える6.3％の変換効率が報告された[46]。高分子系アクセプター材料PDI-Vと高分子系ドナー材料PTB7-Thを組み合わせた例では、7.5％の変換効率と大気安定性が報告された[47]。非フラーレンアクセプター材料のITICと高分子系ドナー材料J51を用いた素子では9.2％の変換効率が報告された[48]。非フラーレンアクセプター材料のATT-1と高分子系ドナー材料のPTB7-Thを用いた系では10％を超える変換効率が報告された[49]。ITIC誘導体IT-Mをアクセプター、PBDB-Tをドナーとして用いた系で12％を超える変換効率が報告された[50]。ITICと高分子系ドナー材料J71を混合して用いた系でも、12％の変換効率が報告された[51]。高分子系アクセプター材料N2200と高分子系ドナー材料PTzBI-Siを組み合わせた例では、10.1％の変換効率が報告された[52]。高分子系アクセプター材料PZ1と高分子系ドナー材料PBDB-Tを組み合わせた例では9.1％の変換効率が報告された[53]。低分子系アクセプター材料IT-4Fと高分子系ドナー材料PBDB-T-SFを組み合わせた例では、13.1％の変換効率が得られたことが報告された[54]。

変換効率が15％を大きく超えてきたのは、PM6：Y6という組み合わせの登場によるものが大きい[12]。PM6が高分子系ドナー材料（ドナーポリマー）であり、Y6が非フラーレンアクセプターでベンゾチアジアゾールをコアとした縮合環ユニットを有し600〜950 nmの長波長域に吸収がある。下図には、実際に山形大学でPM6：Y6系の活性層材料を用いて試作したセルの特性を示す。16.5％以上の変換効率が得られている（図4）。

また、Y6誘導体においてアルキル鎖の最適化を行った非フラーレンアクセプター BTP-eC9は、PBDB-TFをドナーポリマーに用いた組合せで、17.8％の変換効率を実現した[43]。Y6の直鎖アルキルを分岐アルキルに変更し最適化したL8-BOでは、PM6との組合せで18.3％の変換効率を実現した[44]。

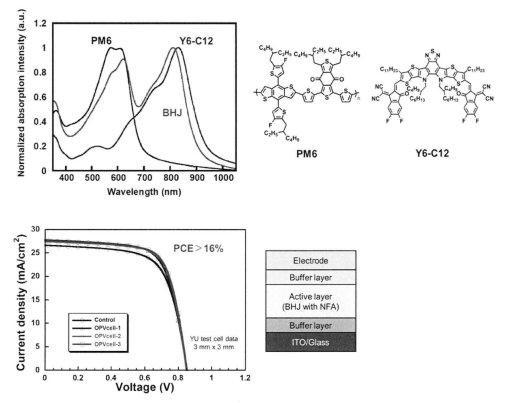

図4　PM6：Y6系材料の分子構造、光吸収スペクトル及び、山形大学における試作評価例

1.5　ターナリーブレンド型有機薄膜太陽電池

活性層材料として、従来のドナー：アクセプター 2種類の混合を超えて、3種類の材料を混合して用いることが検討されている[55]。ドナー材料としてPBDB-T、アクセプター材料としてIT-MとBis[70]PCBMを用いた系で12.2％の変換効率が報告された[56]。ドナー材料としてPTB7-Th、アクセプター材料としてCOi8DFICと$PC_{71}BM$を用いた系で変換効率14％が得られた[57]。PM6：D18：L8-BOのターナリーブレンドでは、変換効率19.17％が実現された[5]。三種混合系の有機薄膜太陽電池についてはレビューでも解説されている[58]。

1.6　自己組織化単分子膜の利用

ドイツのヘルムホルツセンター・ベルリン（HZB）が、ペロブスカイト／シリコンタンデムセルの中間層の一部のホール選択層として、2PACzあるいは、MeO-2PACzという名称のカルバゾール基を有するホスホン酸自己組織化単分子膜（Self-assembled Monolayer：SAM）を用いたことをきっかけに[59]、有機薄膜太陽電池でもSAMの利用が検討され始めている。有機薄膜太陽電池においては、Br-2PACz、Cl-2PACzなど、ハロゲン置換を行った2PACzの方が、より適合性が高いとの報告がある[60]。また、MoO_3/2PACzの積層構造を用いることで、MoO_3界面での失活を抑え、変換効率を向上させる

とともに、特性のばらつきを抑えることができた[61]。逆型でも同様のSAMをホール選択層として用いる試みがなされており、逆型として最も高い18.73％の変換効率を実現している[62]。

1.7 添加剤による高効率化

PM6：Y6という組み合わせに代表される、ドナーポリマーと非フラーレンアクセプターの混合によるバルクヘテロジャンクション（BHJ）活性層の最適化においては、分子構造の改良に加えて、BHJ層における最適な相分離構造の実現が高効率化に大きく効いてくる。添加剤を用いることが、相分離構造の制御に有効である（図5）。一般的には、ジヨードオクタン（DIO）を用いる例が多かったが、最近では、DIOに替えて、揮発性固体の添加剤がいくつか検討されている。1,3,5-トリクロロベンゼン（TCB）がその例であり、PM6：BTP-eC9の系にTCBを加えることで、ミクロな相分離及び結晶化を促進するとともに、最終的に完全に添加剤が揮発し膜中には残留しない。その結果、19.31％という高い変換効率が得られ、DIOに比べて連続光照射における信頼性が向上した[4]。最近では、置換基のハロゲンの種類を変えたり、2種類のハロゲンで置換したものなどが試されている。PM6：L8-BOを活性層として、活性層成膜時の添加剤にPDBBやTFTBを用いた系では、それぞれ、18.42％[63]と18.64％[3]という高い変換効率が報告されている（表1）。

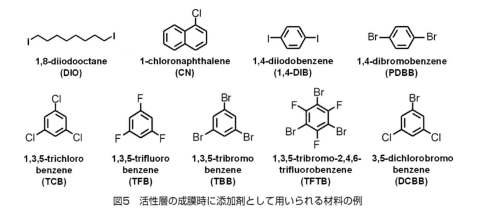

図5　活性層の成膜時に添加剤として用いられる材料の例

表1　変換効率18%を超える有機薄膜太陽電池の報告例

活性層構成材料、添加剤、HTL等	短絡電流密度 J_{sc} [mA cm^{-2}]	開放電圧 V_{oc} [V]	フィルファクター FF	変換効率 PCE [%]	セル開口部面積 [cm^2]	参照文献	研究機関
PM6:D18:L8-BO (Ternary Blend)	26.68	0.8914	0.8060	19.17	0.03084	Nat. Mater. 21, 656 (2022)	上海交通大
PM6:BTP-eC9 Additive: TCB	27.88	0.861	0.8039	19.31	0.0608	Nat. Commun. 14, 1760 (2024)	香港理工大
PM6:L8-BO Additive: DIO	25.72	0.87	0.815	18.32	0.03152	Nat. Energy 6, 605 (2021)	北京航空航天大学
PM6:L8-BO Additive: TFTB	26.38	0.894	0.7904	18.64	-	Adv. Funct. Mater. 34, 2311512 (2024)	四川大
PM6:L8-BO Additive: PDBB	25.81	0.89	0.8020	18.42	0.04	Adv. Energy Mater. 13, 2300524 (2023)	暨南大
PM6:PM7-Si: BTP-eC9 Additive:BV HTL(SAM): Cl-2PACz	27.18	0.866	0.801	18.9	0.1	Adv. Energy Mater. 12, 2202503 (2022)	KAUST
PM6:PM7-Si: BTP-eC9 HTL: Br-2PACz/MoO$_3$	27.05	0.863	0.803	18.73	0.1	Mater. Horiz., 10, 1292 (2023)	KAUST
PFBCPZ:AITC/PBDB-TCl:AITC:BTP-eC9 (Tandem)	13.3	2.02	0.766	20.6	0.0225	Natl. Sci. Rev. 10, nwad085 (2023)	中国科学院

1.8　非ハロゲン系溶剤

活性層材料の塗布には、溶解性の関係でクロロベンゼンやオルトジクロロベンゼン等のハロゲン系溶剤が一般的に用いられている。大面積塗工等、工業生産的な観点からグリーン溶剤が利用できるようになることが望ましいが、2-メチルアニソール（MA）を溶剤に用い、ドナー材料としてPBDT-TS1、アクセプター材料としてPC$_{71}$BMを用いて、従来のハロゲン系溶剤を超える変換効率9.6%が得られたことが報告された[64]。1,2,4-トリメチルベンゼンを溶剤、1-フェニルナフタレンを添加剤に用い、ドナー材料としてPffBT4T-C$_9$C$_{13}$、アクセプター材料としてPC$_{71}$BMを用いた例では、11.3%の変換効率が得られたことが報告された[65]。オルトキシレンを溶剤、1-フェニルナフタレンを添加剤に用い、ドナー材料としてPBTA-TF、アクセプター材料としてIT-Mを用いた例では、13.1%の変換効率が報告された[66]。

1.9　タンデム構造・多接合セル

太陽光のエネルギーを波長域ごとに異なる活性層で吸収し、最適な電圧で切り出して重ね合わせるタンデム構造は、単層（シングル）活性層での限界を超える方法として期待されている。2種類の高分子系材料を用いたタンデム構造：[ITO/ZnO/P3HT：ICBA/PEDOT：PSS/ZnO/PDTP-DFBT：PC$_{61}$BM/MoO$_3$/Ag]では、10.6%の変換効率が得られた[67]。1種類の高分子材料を用いたタンデム構造：[ITO/PEDOT：PSS/ PTB7-Th：PC$_{71}$BM/ZnO/ CPEPh-Na/PTB7-Th：PC$_{71}$BM/Al]では、11.3%の変換効率が報告されている[68]。3接合素子：[ITO/LZO/C$_{60}$-SAM/PSEHTT：IC$_{60}$BA/n-PEDOT：PSS/LZO/C$_{60}$-SAM/PTB7：PC$_{71}$BM/n-PEDOT：PSS/LZO/C$_{60}$-SAM/PMDPP3T：PC$_{71}$BM/MoO$_3$/Ag]では、

11.8％の変換効率が報告されている[69]。高分子材料を用いて最適化したタンデム構造：[ITO/CuSCN/DR3TSBDT：PC$_{71}$BM/ZnO/n-PEDOT：PSS/DPPEZnP-TBO：PC$_{61}$BM/PFN/Al]では12.5％の変換効率が報告されている[70]。また、低分子系でも最大3段の多接合素子が報告されている。Heliatek社は、変換効率13.2％を実現したことを報告している[71]。ペロブスカイト太陽電池と有機薄膜太陽電池のタンデム構造も検討されている。従来のセルでSpiro-OMeTADをホール輸送層として用いていた部分を、長波長吸収が可能なZnポルフィリン誘導体を用いたバルクヘテロジャンクション活性層に置き換えることで、[ITO/SnO$_2$/C$_{60}$/MAPbI$_3$/DPPEZnP-TSEH：PC$_{61}$BM/MoO$_3$/Ag]の構造で19％の変換効率が得られたことが報告されている[72]。非フラーレンアクセプターやターナリーブレンドなどの最新の技術を利用した、オール有機のタンデムセルでは、20.6％の変換効率を実現している[73]。

2. 有機薄膜太陽電池の応用展開

有機薄膜太陽電池では、超薄型・軽量といった特長に加えて、デザイン面では、従来のシリコン系や化合物系太陽電池で実現が難しかった透明性や意匠性を有する太陽電池を作製することが可能であり、住宅やビルの窓、車載用や、建材一体型太陽電池（Building Integrated Photovoltaics：BIPV）への応用などが期待されている。軽量性や設置性の点では、建物の外壁、高速道路の防音壁や、工場の屋根などへの設置が期待される。また、パネルの大きさや形が自在に設計できることも特長であり、キャンプあるいは災害時・非常時等でも用いることが可能な可搬型の太陽電池、さらには、屋内光などの弱い光でも発電可能な特徴を活かした、リモコン、ソーラービーコン、電子値札、IoTセンサ、その他環境発電型の小型ソーラーパネルなど、数多くの応用が考えられている。自立分散型の電源を考える上で、サイズやデザインの自在性の面では、従来なかった選択肢を与えることができる。未利用地あるいは未利用領域への太陽光発電の応用拡大に向けて、有機薄膜太陽電池には、次世代太陽電池の一角として、大きな期待が寄せられている。

2.1 超薄型有機薄膜太陽電池

応用開発の例として、超薄型でフレキシブルな特徴を際立たせるため、超薄型の基板上に有機トランジスタの電子回路を作製する方法と同様に[74]、わずか1μmの厚さのパリレン膜の上に有機薄膜太陽電池を形成した超薄型・超軽量の有機薄膜太陽電池が試作され、さらに伸び縮みするエラストマーではさみ込むことで、ストレッチャブルかつ、ウォータープルーフの特性を付与した太陽電池の報告例がある[75]。ウェアラブルデバイスあるいはスキンエレクトロニクスへの応用が提案されている[76]。

2.2 シースルー太陽電池

透明もしくは半透明のシースルー太陽電池は、有機薄膜太陽電池の特徴的な応用である。これまで、アモルファスシリコンまたは薄膜・微結晶シリコン太陽電池にレーザースルーホールあるいはスリットなどの開口部をあける加工を施すことで、隙間から採光できるようにした太陽電池パネル作製技術は知られており、開口面積にもよるが約7％程度の変換効率が得られていた。結晶シリコンやペロブ

スカイトを用いても、同様のスリット加工を行うことで、光透過開口部を有する太陽電池パネルは実現できる。しかし、パネル全面に透明性を設けることや、透過光の波長や色を制御することは、従来型太陽電池ではできなかった。

有機薄膜太陽電池では、活性層に用いる材料によって、自由に透光色や透過率の設計が可能である。ソーラーシェアリングや、農業用として、植物が成長に必要とする光、すなわち葉緑素が吸収する青色と赤色の波長を透過させつつ、それ以外の光を吸収して発電するような発電フィルム実現の可能性も議論されている。

山形大学では、多色・透明有機薄膜太陽電池の試作を行っている（図6）。活性層に用いる色素材料は、分子設計により吸収波長域を制御でき、特にスクアリリウム誘導体などを用いた場合、吸光係数が高く、鮮やかな発色を示す。逆に透過させたい波長の光を通すことも可能である。住宅用としては、紫外線や近赤外線を遮光しながら発電し、その他の可視光を透過させるような「発電する窓」への応用が期待される。光の透過率としては、現在25〜30％のものが試作できている[77]。今後、透明性の高い要求仕様として、50％程度以上の透過率が必要とされる場合もあり得るが、遮光性を必要とするアプリケーションであれば、5〜30％程度の透過率で良い可能性があり、応用次第であると考えている。今回の試作では、西日カットを行う窓として、紫外線と近赤外線の一部を吸収して発電し、可視光の中心波長域を透過させるような材料設計を組み込んでいる。以下の写真は、山形大学及び、伊藤電子工業(株)による多色・透明有機薄膜太陽電池や、フレキシブル太陽電池の試作例である。山形大学スマート未来ハウス（実証施設）では、有機薄膜太陽電池を用いて作製した「発電する窓」を設置し、2015年10月から約8年半の実証実験を実施中で発電機能は保たれている。素子構造としては、逆型を用いた。

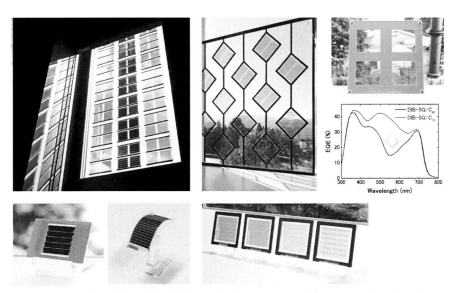

図6　山形大学で試作した有機薄膜太陽電池（左上：スマート未来ハウス設置実証パネル）

2.3 有機光センサ・近赤外フォトダイオード

有機薄膜太陽電池は、シリコン太陽電池に比べて、屋内光などの比較的弱い光にも反応し、高い変換効率を示すことが報告されている。コピー機などに用いられる感光体において、有機半導体材料が一般的に用いられてきた例からも、有機系材料が光に鋭敏に反応する材料であることがわかる。有機薄膜太陽電池技術は、今後光センサとしての利用にも期待されている。

応用例として、有機薄膜太陽電池材料を有機トランジスタバックプレーンと組み合わせた、シート状のフレキシブル光センサが提案されている[78]。有機光センサの部分は、銅フタロシアニン（CuPc）とペリレン誘導体からなるシンプルな構造となっており、有機トランジスタが集積されたシートと銀ペーストを介して貼り合せた構造が提案されている。

また新たな応用例として、近赤外域に反応する有機材料とキャビティ構造を用いた近赤外光センサが提案されている[79]。有機光センサの部分は、亜鉛フタロシアニン（ZnPc）とC_{60}の混合層を用い、両材料の相互作用による電荷移動（CT）吸収が近赤外域にあることを利用し、素子の光学設計によるマイクロキャビティ効果も利用して、800 nmから1100 nmまでのセンシングを可能としている。近赤外有機ELデバイスの技術も最近進展が見られており[80]、近赤外有機ELと近赤外光センサを組み合わせたデバイスの実現が期待される。

おわりに

今後の開発課題としては、さらなる高効率化と高信頼性化、モジュール作製技術の開発、キラーアプリケーションの開発の3点が求められる。基礎研究としては、性能面で、理論値とのギャップを埋めるための開発が期待される。また、信頼性面では、熱や光、電気化学的な耐性も含めて、環境に耐える材料の開発及び導入、封止技術の開発などが必要である。大面積化に関しては、現在、アクティブエリアの面積が小さい研究開発レベルのセルにおいて19％を超える変換効率が実現されているが、ミニモジュールや、大面積のフレキシブル有機薄膜太陽電池パネルでは、まだ変換効率の向上が追い付いていない。最近、14.5％の変換効率を示す有機薄膜太陽電池モジュールが開発されたとの報告があった[81]。今後さらに、基礎研究と実用サイズの発電パネルとの性能ギャップを埋めていくような開発が必要である。実用化においては、例えば、薄く、軽く、透明な太陽電池など、有機薄膜太陽電池ならではの特長を活かした、キラーアプリケーションの探索及び開発が進むことを期待する。

参考文献

1) NREL Best Research-Cell Efficiency Chart; https://www.nrel.gov/pv/cell-efficiency.html
2) M. A. Green, E. D. Dunlop, M. Yoshita, N. Kopidakis, K. Bothe, G. Siefer, D. Hinken, M. Rauer, J. Hohl-Ebinger, X. Hao, "Solar Cell Efficiency Tables (version 64)," Prog. Photovolt. Res. Appl., 32, 425 (2024).

3）Y. Ran, C. Liang, Z. Xu, W. Jing, X. Xu, Y. Duan, R. Li, L. Yu, Q. Peng, "Developing Efficient Benzene Additives for 19.43% Efficiency of Organic Solar Cells by Crossbreeding Effect of Fluorination and Bromination", Adv. Funct. Mater. 34, 2311512 (2024).

4）J. Fu, P. W. K. Fong, H. Liu, C. -S. Huang, X. Lu, S. Lu, M. Abdelsamie, T. Kodalle, C. M. Sutter-Fella, Y. Yang, G. Li, "19.31% binary organic solar cell and low non-radiative recombination enabled by non-monotonic intermediate state transition," Nat. Commun. 14, 1760 (2023).

5）L. Zhu, M. Zhang, J. Xu, C. Li, J. Yan, G. Zhou, W. Zhong, T. Hao, J. Song, X. Xue, Z. Zhou, R. Zeng, H. Zhu, C. -C. Chen, R. C. I. MacKenzie, Y. Zou, J. Nelson, Y. Zhang, Y. Sun, F. Liu, "Single-junction organic solar cells with over 19% efficiency enabled by a refined double-fibril network morphology", Nat. Mater. 21, 656 (2022).

6）Y. Cui, Y. Xu, H. Yao, P. Bi, L. Hong, J. Zhang, Y. Zu, T. Zhang, J. Qin, J. Ren, Z. Chen, C. He, X. Hao, Z. Wei, J. Hou, "Single-Junction Organic Photovoltaic Cell with 19% Efficiency", Adv. Mater. 33, 2102420 (2021).

7）C. W. Tang, "Two-Layer Organic Photovoltaic Cell," Appl. Phys. Lett., 48, 183 (1986).

8）N. S. Sariciftci, L. Smilowitz, A. J. Heeger and F. Wudl, "Photoinduced Electron-Transfer from a Conducting Polymer to Buckminsterfullerene," Science 258, 1474 (1992).

9）V. Vohra, K. Kawashima, T. Kakara, T. Koganezawa, I. Osaka, K. Takimiya, H. Murata, "Efficient Inverted Polymer Solar Cells Employing Favourable Molecular Orientation," Nat. Photon., 9, 403 (2015).

10）T. Kuwabara, T. Nakayama, K, Uozumi, T, Yamaguchi, K. Takahashi, "Highly durable inverted-type organic solar cell using amorphous titanium oxide as electron collection electrode inserted between ITO and organic layer," Sol. Energy. Mater. Sol. Cells, 92, 1476 (2008).

11）Y. Lin, J. Wang, Z.-G. Zhang, H. Bai, Y. Li, D. Zhu, X. Zhan, "An Electron Acceptor Challenging Fullerenes for Efficient Polymer Solar Cells," Adv. Mater., 27, 1170 (2015).

12）J. Yuan, Y. Zhang, L. Zhou, G. Zhang, H.-L. Yip, T.-K. Lau, X. Lu, C. Zhu, H. Peng, P. A. Johnson, M. Leclerc, Y. Cao, J. Ulanski, Y. Li, Y. Zou, "Single-Junction Organic Solar Cell with over 15% Efficiency Using Fused-Ring Acceptor with Electron-Deficient Core," Joule, 3, 1140 (2019).

13）H. Yao, J. Hou, "Recent Advances in Single-Junction Organic Solar Cells," Angew. Chem. Int. Ed. 61, e202209021 (2022).

14）T. P. Osedacha, T. L. Andrewb, V. Bulović, "Effect of Synthetic Accessibility on the Commercial Viability of Organic Photovoltaics," Energy Environ. Sci., 6, 711 (2013).

15）D. Fujishima, H. Kanno, T. Kinoshita, E. Maruyama, M. Tanaka, M. Shirakawa, K. Shibata, "Organic Thin-Film Solar Cell Employing a Novel Electron-Donor Material," Sol. Energy Mater. Sol. Cells, 93, 1029 (2009).

16）Y. Liu, X. Wan, F. Wang, J. Zhou, G. Long, J. Tian, J. You, Y. Yang, Y. Chen, "Spin-Coated Small

Molecules for High Performance Solar Cells," Adv. Energy Mater., 1, 771 (2011).

17) B. Kan, M. Li, Q. Zhang, F. Liu, X. Wan, Y. Wang, W. Ni, G. Long, X. Yang, H. Feng, Y. Zuo, M. Zhang, F. Huang, Y. Cao, T. P. Russell, Y. Chen, "A Series of Simple Oligomer-like Small Molecules Based on Oligothiophenes for Solution-Processed Solar Cells with High Efficiency," J. Am. Chem. Soc., 137, 3886 (2015).

18) T. S. Poll, J. A. Love, T.-Q. Nguyen, G. C. Bazan, "Non-Basic High-Performance Molecules for Solution-Processed Organic Solar Cells," Adv. Mater., 24, 3646 (2012).

19) S. Wang, E. I. Mayo, M. D. Perez, L. Griffe, G. Wei, P. I. Djurovich, S. R. Forrest, M. E. Thompson, "High Efficiency Organic Photovoltaic Cells Based on a Vapor Deposited Squaraine Donor," Appl. Phys. Lett., 94, 233304 (2009).

20) Z. Q. Wang, D. Yokoyama, X.-F. Wang, Z. Hong, Y. Yang, J. Kido, "Highly Efficient Organic p–i–n Photovoltaic Cells Based on Tetraphenyldibenzoperiflanthene and Fullerene C_{70}," Energy Environ. Sci., 6, 249 (2013).

21) T. Zhuang, T. Sano, J. Kido, "Efficient Small Molecule-Based Bulk Heterojunction Photovoltaic Cells with Reduced Exciton Quenching in Fullerene," Org. Electron., 26, 415 (2015).

22) G. Chen, H. Sasabe, Z. Q. Wang, X.-F. Wang, Z. Hong, Y. Yang, J. Kido, "Co-Evaporated Bulk Heterojunction Solar Cells with >6.0% Efficiency," Adv. Mater., 24, 2768 (2012).

23) D. Yang, H. Sasabe, Y. Jiao, T. Zhuang, Y. Huang, X. Pu, T. Sano, Z. Lub, J. Kido, "An Effective π-Extended Squaraine for Solution-Processed Organic Solar Cells with High Efficiency," J. Mater. Chem. A, 4, 18931 (2016).

24) D. Yang, H. Sasabe, T. Sano, J. Kido, "Low-Band-Gap Small Molecule for Efficient Organic Solar Cells with a Low Energy Loss below 0.6 eV and a High Open-Circuit Voltage of over 0.9 V," ACS Energy Lett., 2, 2021 (2017).

25) S. Badgujar, G. Y. Lee, T. Park, C. E. Song, S. Park, S. Oh, W. S. Shin, S. J. Moon, J. C. Lee, S. K. Lee, "High-Performance Small Molecule via Tailoring Intermolecular Interactions and its Application in Large-Area Organic Photovoltaic Modules," Adv. Energy Mater., 6, 1600228 (2016).

26) D. Deng, Y. Zhang, J. Zhang, Z. Wang, L. Zhu, J. Fang, B. Xia, Z. Wang, K. Lu, W. Ma, Z. Wei, "Fluorination-Enabled Optimal Morphology Leads to over 11% Efficiency for Inverted Small-Molecule Organic Solar Cells," Nat. Commun., 7, 13740 (2016).

27) L. Nian, K. Gao, Y. Jiang, Q. Rong, X. Hu, D. Yuan, F. Liu, X. Peng, T. P. Russell, G. Zhou, "Small-Molecule Solar Cells with Simultaneously Enhanced Short-Circuit Current and Fill Factor to Achieve 11% Efficiency," Adv. Mater., 29, 1700616 (2017).

28) J. Wan, X. Xu, G. Zhang, Y. Li, K. Feng, Q. Peng, "Highly Efficient Halogen-Free Solvent Processed Small-Molecule Organic Solar Cells Enabled by Material Design and Device Engineering," Energy Environ. Sci., 10, 1739 (2017).

29) H. Y. Chen, J. H. Hou, S. Q. Zhang, Y. Y. Liang, G. W. Yang, Y. Yang, L. P. Yu, Y. Wu, G. Li, "Polymer Solar Cells with Enhanced Open-Circuit Voltage and Efficiency," Nat. Photonics 3, 649 (2009).

30) Y. Liang, Z. Xu, J. Xia, S.-T. Tsai, Y. Wu, G. Li, C. Ray, L. Yu, "For the Bright Future—Bulk Heterojunction Polymer Solar Cells with Power Conversion Efficiency of 7.4%," Adv. Mater., 22, E135 (2010).

31) L. Huo, J. Hou, S. Zhang, H.-Y. Chen, Y. Yang, "A Polybenzo[1,2-b:4,5-b']dithiophene Derivative with Deep HOMO Level and Its Application in High-Performance Polymer Solar Cells," Angew. Chem. Int. Ed., 49, 1500 (2010).

32) J. Subbiah, B. Purushothaman, M. Chen, T. Qin, M. Gao, D. Vak, F. H. Scholes, X. Chen, S. E. Watkins, G. J. Wilson, A. B. Holmes, W. W. H. Wong, D. J. Jones, "Organic Solar Cells Using a High-Molecular-Weight Benzodithiophene–Benzothiadiazole Copolymer with an Efficiency of 9.4%," Adv. Mater., 27, 702 (2015).

33) L. Huo, T. Liu, X. Sun, Y. Cai, A. J. Heeger, Y. Sun, "Single-Junction Organic Solar Cells Based on a Novel Wide-Bandgap Polymer with Efficiency of 9.7%," Adv. Mater., 27, 2938 (2015).

34) H. Hu, K. Jiang, G. Yang, J. Liu, Z. Li, H. Lin, Y. Liu, J. Zhao, J. Zhang, F. Huang, Y. Qu, W. Ma, H. Yan, "Terthiophene-Based D－A Polymer with an Asymmetric Arrangement of Alkyl Chains That Enables Efficient Polymer Solar Cells," J. Am. Chem. Soc., 137, 14149 (2015).

35) F.-Y. Cao, C.-C. Tseng, F.-Y. Lin, Y. Chen, H. Yan, Y.-J. Cheng, "Selenophene-Incorporated Quaterchalcogenophene-Based Donor-Acceptor Copolymers to Achieve Efficient Solar Cells with Jsc Exceeding 20 mA/cm2," Chem. Mater., 29, 10045 (2017).

36) S. Nam, J. Seo, S. Woo, W. H. Kim, H. Kim, D. D. C. Bradley, Y. Kim, "Inverted Polymer Fullerene Solar Cells Exceeding 10% Efficiency with Poly(2-ethyl-2-oxazoline) Nanodots on Electron-Collecting Buffer Layers," Nat. Commun., 6, 8929 (2015).

37) L. K. Jagadamma, M. Al-Senani, A. El-Labban, I. Gereige, G. O. N. Ndjawa, J. C. D. Faria, T. Kim, K. Zhao, F. Cruciani, D. H. Anjum, M. A. McLachlan, P. M. Beaujuge, A. Amassian, "Polymer Solar Cells with Efficiency >10% Enabled via a Facile Solution-Processed Al-Doped ZnO Electron Transporting Layer," Adv. Energy Mater., 5, 1500204 (2015).

38) Y. Liu, Z. A. Page, T. P. Russell, T. Emrick, "Finely Tuned Polymer Interlayers Enhance Solar Cell Efficiency," Angew. Chem. Int. Ed., 54, 11485 (2015).

39) Q. Wan, X. Guo, Z. Wang, W. Li, B. Guo, W. Ma, M. Zhang, Y. Li, "10.8% Efficiency Polymer Solar Cells Based on PTB7-Th and PC71BM via Binary Solvent Additives Treatment," Adv. Funct. Mater., 26, 6635 (2016).

40) Z. Li, D. Yang, X. Zhao, T. Zhang, J. Zhang, X. Yang, "Achieving an Efficiency Exceeding 10% for Fullerene-based Polymer Solar Cells Employing a Thick Active Layer via Tuning Molecular Weight," Adv. Funct. Mater., 28, 1705257 (2018).

41) J. Kuwabara, T. Yasuda, N. Takase, T. Kanbara, "Effects of the Terminal Structure, Purity, and Molecular Weight of an Amorphous Conjugated Polymer on Its Photovoltaic Characteristics," ACS Appl. Mater. Interfaces, 8, 1752 (2016).

42) H. Yan, Z. Chen, Y. Zheng, C. Newman, J. R. Quinn, F. Dotz, M. Kastler, A. Facchetti, "A High-Mobility Electron-Transporting Polymer for Printed Transistors," Nature 457, 679 (2009).

43) Y. Cui, H. Yao, J. Zhang, K. Xian, T. Zhang, L. Hong, Y. Wang, Y. Xu, K. Ma, C. An, C. He, Z. Wei, F. Gao, J. Hou, "Single-Junction Organic Photovoltaic Cells with Approaching 18% Efficiency," Adv. Mater. 32, 1908205 (2020).

44) C. Li, J. Zhou, J. Song, J. Xu, H. Zhang, X. Zhang, J. Guo, L. Zhu, D. Wei, G. Han, J. Min, Y. Zhang, Z. Xie, Y. Yi, H. Yan, F. Gao, F. Liu, Y. Sun, "Non-fullerene acceptors with branched side chains and improved molecular packing to exceed 18% efficiency in organic solar cells" Nat. Energy, 6, 605 (2021).

45) H. Lin, S. Chen, Z. Li, J. Y. L. Lai, G. Yang, T. McAfee, K. Jiang, Y. Li, Y. Liu, H. Hu, J. Zhao, W. Ma, H. Ade, H. Yan, "High-Performance Non-Fullerene Polymer Solar Cells Based on a Pair of Donor-Acceptor Materials with Complementary Absorption Properties," Adv. Mater., 27, 7299 (2015).

46) S. Holliday, R. S. Ashraf, A. Wadsworth, D. Baran, S. A. Yousaf, C. B. Nielsen, C.-H. Tan, S. D. Dimitrov, Z. Shang, N. Gasparini, M. Alamoudi, F. Laquai, C. J. Brabec, A. Salleo, J. R. Durrant, I. McCulloch, "High-efficiency and air-stable P3HT-based polymer solar cells with a new non-fullerene acceptor," Nat. Commun., 7, 11585 (2016).

47) Y. Guo, Y. Li, O. Awartani, J. Zhao, H. Han, H. Ade, D. Zhao, H. Yan, "A Vinylene-Bridged Perylenediimide-Based Polymeric Acceptor Enabling Efficient All-Polymer Solar Cells Processed under Ambient Conditions," Adv. Mater., 28, 8483 (2016).

48) L. Gao, Z.-G. Zhang, H. J. Bin, L. Xue, Y. Yang, C. Wang, F. Liu, T. P. Russell, Y. F. Li, "High-Efficiency Nonfullerene Polymer Solar Cells with Medium Bandgap Polymer Donor and Narrow Bandgap Organic Semiconductor Acceptor," Adv. Mater., 28, 8288 (2016).

49) F. Liu, Z. Zhou, C. Zhang, T. Vergote, H. Fan, F. Liu, X. Zhu, "A Thieno[3,4-b]thiophene-Based Non-fullerene Electron Acceptor for High-Performance Bulk-Heterojunction Organic Solar Cells," J. Am. Chem. Soc., 138, 15523 (2016).

50) S. Li, L. Ye, W. Zhao, S. Zhang, S. Mukherjee, H. Ade, J. Hou, "Energy-Level Modulation of Small-Molecule Electron Acceptors to Achieve over 12% Efficiency in Polymer Solar Cells," Adv. Mater., 28, 9423 (2016).

51) H. Bin, Y. K. Yang, Z. Peng, L. Ye, J. Yao, L. Zhong, C. Sun, L. Gao, H. Huang, X. Li, B. Qiu, L. Xue, Z.-G. Zhang, H. Ade, Y. F. Li, "Effect of Alkylsilyl Side-Chain Structure on Photovoltaic Properties of Conjugated Polymer Donors," Adv. Energy Mater., 8, 1702324 (2018).

52) B. Fan, L. Ying, P. Zhu, F. Pan, F. Liu, J. Chen, F. Huang, Y. Cao, "All-Polymer Solar Cells Based

on a Conjugated Polymer Containing Siloxane-Functionalized Side Chains with Efficiency over 10%," Adv. Mater., 29, 1703906 (2017).

53) Z.-G. Zhang, Y. Yang, J. Yao, L. Xue, S. Chen, X. Li, W. Morrison, C. Yang, Y. Li, "Constructing a Strongly Absorbing Low-Bandgap Polymer Acceptor for High-Performance All-Polymer Solar Cells," Angew. Chem. Int. Ed., 56, 13503 (2017).

54) W. Zhao, S. Li, H. Yao, S. Zhang, Y. Zhang, B. Yang, J. Hou, "Molecular Optimization Enables over 13% Efficiency in Organic Solar Cells," J. Am. Chem. Soc., 139, 7148 (2017).

55) L. Lu, W. Chen, T. Xu, L. Yu, "High-Performance Ternary Blend Polymer Solar Cells Involving both Energy Transfer and Hole Relay Processes," Nat. Commun., 6, 7327 (2015).

56) W. Zhao, S. Li, S. Zhang, X. Liu, J. Hou, "Ternary Polymer Solar Cells based on Two Acceptors and One Donor for Achieving 12.2% Efficiency," Adv. Mater., 29, 1604059 (2017).

57) Z. Xiao, X. Jia, L. Ding, "Ternary Organic Solar Cells Offer 14% Power Conversion Efficiency," Sci. Bull., 62, 1562 (2017).

58) R. Yu, H. Yao, J. Hou, "Recent Progress in Ternary Organic Solar Cells Based on Nonfullerene Acceptors," Adv. Energy Mater., 8, 1702814 (2018).

59) A. Al-Ashouri, A. Magomedov, M. Roß, M. Jošt, M. Talaikis, G. Chistiakova, T. Bertram, J. A. Márquez, E. Köhnen, E. Kasparavičius, S. Levcenco, L. Gil-Escrig, C. J. Hages, R. Schlatmann, B. Rech, T. Malinauskas, T. Unold, C. A. Kaufmann, L. Korte, G. Niaura, V. Getautis, S. Albrecht, "Conformal monolayer contacts with lossless interfaces for perovskite single junction and monolithic tandem solar cells," Energy Environ. Sci., 12, 3356 (2019).

60) Y. Lin, Y. Zhang, J. Zhang, M. Marcinskas, T. Malinauskas, A. Magomedov, M. I. Nugraha, D. Kaltsas, D. R. Naphade, G. T. Harrison, A. El-Labban, S. Barlow, S. D. Wolf, E. Wang, I. McCulloch, L. Tsetseris, V. Getautis, S. R. Marder, T. D. Anthopoulos, "18.9% Efficient Organic Solar Cells Based on n-Doped Bulk-Heterojunction and Halogen-Substituted Self-Assembled Monolayers as Hole Extracting Interlayers," Adv. Energy Mater., 12, 2202503 (2022).

61) 二ノ戸寛菜、佐野健志、長澤佳祐、陳宇輝、佐藤旭、城戸淳二、"酸化モリブデンと自己組織化単分子膜をホール輸送性バッファー層に用いた有機薄膜太陽電池"、第84回 応用物理学会秋季学術講演会、21p-C601-7 (2023).

62) Y. Lin, Y. Zhang, A. Magomedov, E. Gkogkosi, J. Zhang, X. Zheng, A. El-Labban, S. Barlow, V. Getautis, E. Wang, L. Tsetseris, S. R Marder, I. McCulloch, T. D. Anthopoulos, "18.73% efficient and stable inverted organic photovoltaics featuring a hybrid hole-extraction layer," Mater. Horiz., 10, 1292 (2023).

63) Y. Wang, Z. Liang, X. Liang, X. Wen, Z. Cai, Z. Shao, J. Zhang, Y. Ran, L. Yan, G. Lu, F. Huang, L. Hou, "Easy Isomerization Strategy for Additives Enables High-Efficiency Organic Solar Cells," Adv. Energy Mater., 13, 2300524 (2023).

64) H. Zhang, H. Yao, W. Zhao, L. Ye, J. Hou, "High-Efficiency Polymer Solar Cells Enabled by Environment-Friendly Single-Solvent Processing," Adv. Energy Mater., 6, 1502177 (2016).

65) J. Zhao, Y. Li, G. Yang, K. Jiang, H. Lin, H. Ade, W. Ma, H. Yan, "Efficient Organic Solar Cells Processed from Hydrocarbon Solvents," Nat. Energy, 1, 15027 (2016).

66) W. Zhao, S. Zhang, Y. Zhang, S. Li, X. Liu, C. He, Z. Zheng, J. Hou, "Environmentally Friendly Solvent-Processed Organic Solar Cells that are Highly Efficient and Adaptable for the Blade-Coating Method," Adv. Mater., 30, 1704837 (2018).

67) J. You, L. Dou, K. Yoshimura, T. Kato, K. Ohya, T. Moriarty, K. Emery, C.-C. Chen, J. Gao, G. Li, Y. Yang: "A Polymer Tandem Solar Cell with 10.6% Power Conversion Efficiency," Nat. Commun., 4, 1446 (2013).

68) H. Zhou, Y. Zhang, C.-K. Mai, S. D. Collins, G. C. Bazan, T.-Q. Nguyen, A. J. Heeger, "Polymer Homo-Tandem Solar Cells with Best Efficiency of 11.3%," Adv. Mater., 27, 1767 (2015).

69) A. R. M. Yusoff, D. Kim, H. P. Kim, F. K. Shneider, W. J. Silva, J. Jang, "A High Efficiency Solution Processed Polymer Inverted Triple-Junction Solar Cell Exhibiting a Power Conversion Efficiency of 11.83%," Energy Environ. Sci., 8, 303 (2015).

70) M. Li, K. Gao, X. Wan, Q. Zhang, B. Kan, R. Xia, F. Liu, X. Yang, H. Feng, W. Ni, Y. Wang, J. Peng, H. Zhang, Z. Liang, H.-L. Yip, X. Peng, Y. Cao, Y. Chen, "Solution-Processed Organic Tandem Solar Cells with Power Conversion Efficiencies >12%," Nat. Photon., 11, 85 (2017).

71) https://www.heliatek.com/en/technology/opv/

72) K. Gao, Z. Zhu, B. Xu, S. B. Jo, Y. Kan, X. Peng, A. K.-Y. Jen, "Highly Efficient Porphyrin-Based OPV/Perovskite Hybrid Solar Cells with Extended Photoresponse and High Fill Factor," Adv. Mater., 29, 1703980 (2017).

73) J. Wang, Z. Zheng, P. Bi, Z. Chen, Y. Wang, X. Liu, S. Zhang, X. Hao, M. Zhang, Y. Li, J. Hou, "Tandem organic solar cells with 20.6% efficiency enabled by reduced voltage losses," Natl. Sci. Rev. 10, nwad085 (2023).

74) K. Fukuda, Y. Takeda, Y. Yoshimura, R. Shiwaku, L. T. Tran, T. Sekine, M. Mizukami, D. Kumaki, S. Tokito, "Fully-printed high-performance organic thin-film transistors and circuitry on one-micron-thick polymer films," Nat. Commun., 5, 4147 (2014).

75) H. Jinno, K. Fukuda, X. Xu, S. Park, Y. Suzuki, M. Koizumi, T. Yokota, I. Osaka, K. Takimiya, T. Someya, "Stretchable and waterproof elastomer-coated organic photovoltaics for washable electronic textile applications," Nat. Energy, 2, 780 (2017).

76) S. Park, S. W. Heo, W. Lee, D. Inoue, Z. Jiang, K. Yu, H. Jinno, D. Hashizume, M. Sekino, T. Yokota, K. Fukuda, K. Tajima, T. Someya, "Self-powered ultra-flexible electronics via nano-grating-patterned organic photovoltaics," Nature, 561, 516 (2018).

77) D. Yang, T. Sano, H. Sasabe, L. Yang, S. Ohisa, Y. Chen, Y. Huang, J. Kido, "Colorful Squaraines

Dyes for Efficient Solution-Processed All Small-Molecule Semitransparent Organic Solar Cell," ACS Appl. Mater. Interfaces, 10, 26465 (2018).

78) T. Someya, Y. Kato, S. Iba, H. Kawaguchi, T.Sakurai, "Integration of Organic Field-Effect Transistors with Organic Photodiodes for a Large-Area, Flexible, and Lightweight Sheet Image Scanner," IEEE Trans. Electron Devices, 52, 2502 (2005).

79) B. Siegmund, A. Mischok, J. Benduhn, O. Zeika, S. Ullbrich, F. Nehm, M. Böhm, D. Spoltore, H. Fröb, C. Körner, K. Leo, K. Vandewal, "Organic Narrowband Near-Infrared Photodetectors Based on Intermolecular Charge-Transfer Absorption," Nat. Commun., 8, 15421 (2017).

80) T. Hanayama, T. Sano, Y. Saito, T. Nakamura, Y. Okuyama, H. Sasabe, J. Kido, "Near-infrared phosphorescent OLEDs exhibiting over 10% external quantum efficiency and extremely long lifetime using resonant energy transfer with a phosphorescent assist dopant," Appl. Phys. Express, 17, 044002 (2024).

81) R. Basu, F. Gumpert, J. Lohbreier, P. -O. Morin, V. Vohra, Y. Liu, Y. Zhou, C. J. Brabec, H. -J. Egelhaaf, A. Distler, "Large-area organic photovoltaic modules with 14.5% certified world record efficiency," Joule, 8, 970 (2024).

第1章 有機薄膜太陽電池材料と最適構造
第2節 有機太陽電池実用化のためのキーポイント

分子科学研究所　平本　昌宏

はじめに

2000年以降、有機太陽電池の変換効率は、バルクヘテロ接合(1991)[1,2]とタンデム接合(1990)[3]によって、年率約1％のペースで増大し、2022年に20％を越えた（図1）[4]。今後、シリコンに匹敵する25％を実現するには、全ての無輻射再結合、すなわち、ジェミネート再結合、2分子再結合、トラップ誘起再結合の抑制が必要不可欠である。

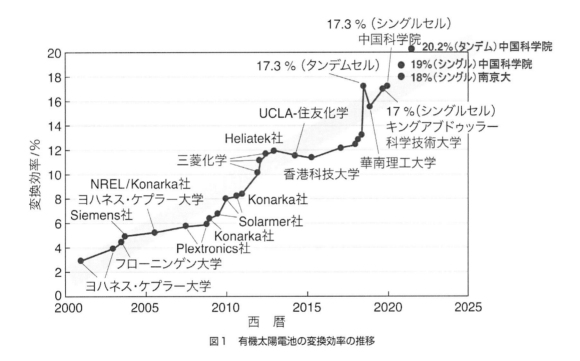

図1　有機太陽電池の変換効率の推移

1. 短絡光電流

太陽電池の変換効率は、大まかには短絡光電流（J_{sc}）と開放端電圧（V_{oc}）の積によって決まる。長らく、有機太陽電池は光電流量が小さいことが問題であったが、現在、光電流密度は太陽光照射下で結晶シリコンに匹敵する30 $mAcm^{-2}$近くにに達している[5]。このように、バルクヘテロ接合の発明から30年かかったものの、有機太陽電池における短絡光電流の問題は基本的には解決されたと言って良い。

2. 開放端電圧

2.1 電圧ロス

今後の効率向上の鍵は、開放端電圧（V_{oc}）の増大である。これまでに報告された有機太陽電池のV_{oc}と、電荷移動（charge transfer：CT）状態のエネルギーの関係を図2に示す[6, 7]。CT状態を用いているのは、有機太陽電池がドナー・アクセプター分子のCT状態から光電流を発生しているからで、無機太陽電池におけるバンドギャップと大まかに対応する。J_{sc}の熱力学的限界はよく知られているが、V_{oc}に対しても熱力学的理論限界（Shockley-Queisser限界）（実線）がある[8]。これまでに報告されたすべての有機太陽電池のV_{oc}値（すべての×印）は、電圧ロスが0.5 Vより大きい、すなわち0.5 Vのライン（破線）より下にあり、V_{oc}理論限界（実線）よりかなり小さい値である。一方、高性能太陽電池であるGaAs系太陽電池のV_{oc}は理論限界に非常に近い値をとっている（▲印）。このように、有機太陽電池には非常に大きなV_{oc}の伸びしろがある。

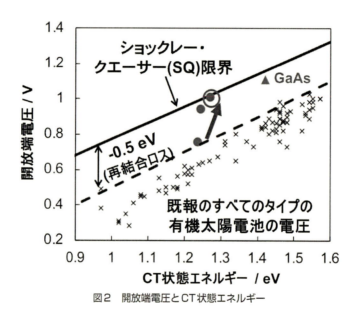

図2　開放端電圧とCT状態エネルギー

2.2 無輻射再結合

2.2.1 ジェミネート再結合（Geminate recombination）

電圧ロスの本質的は原因のひとつは、励起子がCT状態を経て自由な電子とホールに分離する前の、励起状態（CT状態）からの熱的失活、すなわち無輻射再結合である（図3）[9]。この過程は、ジェミネート再結合と言われる。まず、無輻射再結合は分子内化学結合への振動（熱）失活である。輻射再結合（発光）と無輻射再結合（熱失活）は競合していることから、高性能有機ELデバイス用のよく光る分子は無輻射再結合が少ない、すなわち太陽電池としても高性能である。「高性能太陽電池は高性能有機ELデバイスとなる」は真理である。

また、無輻射再結合は、分子内だけでなく分子間振動（熱）への失活によっても起こる。有機半導

体において、キャリア（電子とホール）はπスタッキングを通って運ばれているので、この種の失活を防ぐには分子間振動（キラー振動）の抑制が有効と示唆される。このような分子に由来する無輻射再結合は、分子を単位とする分子固体に特有である。化学者にとっては常識的で見たことのある図3が、有機太陽電池の性能に直結することにある種の感動を覚える。これは、光化学が有機ELの性能と直結していることと同様の重要性を持っている。

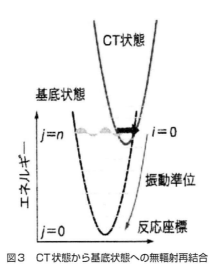

図3　CT状態から基底状態への無輻射再結合

　実例として、私たちの結果を述べる。超高速移動度を示すドナー性（C8-BTBT）とアクセプター性（PTCDI-C8）の有機半導体を積層したセルは、太陽電池のショックレー・クエーサー限界（実線）に達するV_{oc}を示す（図2、丸印）[7]。これらの有機半導体は長鎖アルキルを有し、ファスナー効果によって分子間振動が抑制されて高速移動度を示すが、同時に、分子間振動による無輻射再結合も抑制されてV_{oc}が増大する。この結果は、ジェミネート再結合をなくすためには、分子間振動を抑制が必要なことを示唆している。

2.2.2　2分子再結合（Bimolecular recombination）

　自由になった電子とホールが、再び巡り合って直接的に再結合する過程も電圧ロスを引き起こす（図4）。これを、2分子再結合という。この場合、光電流（J）と照射光強度（I）の関係（$J\sim I^{\alpha}$）が、1次（比例関係、$\alpha=1$）より小さくなり（$\alpha<1$）、2分子再結合のみの場合、0.5次（$\alpha=0.5$）になる（図5）。すなわち、光電流の照射光強度依存性を測定することで、2分子再結合の寄与がどの程度あるか判定できる。なお、2分子再結合過程は、自由キャリア生成の全く逆過程、すなわち、CT状態を介して再結合が起こることに注意しておかなければならない。

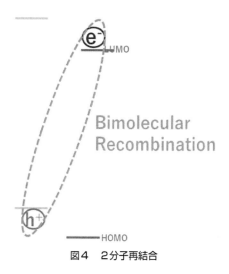

図4　2分子再結合

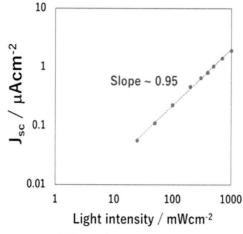

図5　光電流と照射光強度の両対数プロット

2.2.3　トラップ誘起再結合（Trap-assisted recombination）

　無輻射再結合過程はほかにも存在する。それは、欠陥などに由来するキャリアのトラップを介した再結合である（図6）。これをトラップ誘起再結合という。開放端電圧（V_{oc}）と照射光強度（I）の片対数プロット（V_{oc} - log I）を行うと直線関係が得られるが、この時の傾きがnkTとなるため、ダイオード因子（n）を求めることができる（図7）[10, 11]。理想的なダイオードでは n = 1 であるが、n > 1 の場合はトラップ誘起再結合過程の存在を示している[12, 13]。

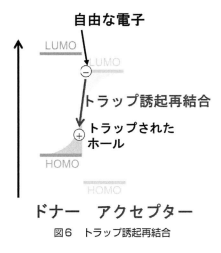

図6　トラップ誘起再結合

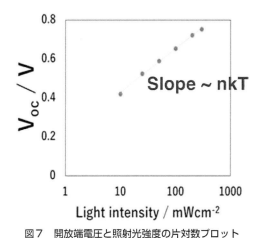

図7　開放端電圧と照射光強度の片対数プロット

　無機太陽電池では、トラップ誘起再結合がおもな光電流の消失プロセスであり、その抑制の歴史は、そのまま無機太陽電池の効率向上の歴史といってもよい。有機太陽電池においても、トラップ誘起再結合は厳然として存在し、私たちも、H_2Pc/C_{60}接合セル[14]や水平接合セル[15]において観測している。無機半導体の欠陥は、ダングリングボンド（未結合手）がおもな由来である。しかし、有機半導体は分子が単位で結合は閉じており、分子間に結合がないためダングリングボンドは存在しない。そのため、有機半導体におけるトラップ性分子欠陥の本性はまったく不明である。無機半導体とのアナロジーで考えると、分子空孔（molecular vacancy）、分子間分子（molecular interstitial）などが可能性として考えられる[16]。このような分野は、まったく未開で、その理解は有機半導体に特有の新しい物理の創造につながることを強調しておきたい。

2.2.4 界面再結合（Interfacial recombination）

ヘテロ界面における無輻射再結合は、界面に形成されるトラップ性界面準位を介したトラップ誘起再結合とも捉えられるが、太陽電池の性能に決定的な影響及ぼすため1節を設けた。ヘテロ接合間にはトラップとして働く界面準位ができ、それを介して無輻射再結合が起こる。特に、金属／有機半導体界面は、外部回路に光電流を取り出す以上、セルに必ず2箇所存在するため、そこで起こる再結合は、太陽電池特性を決定的に左右する[17, 18]。電子取り出し金属電極との間に挿入されるBCP、ホール取り出し電極との間に挿入されるMoO_3などは、金属／有機界面での再結合を抑制する役割を持っている。このように、ヘテロ界面を不活性化（パッシベーション）して、界面再結合を防ぐことが重要である。

3. 曲線因子

3.1 無輻射再結合による光電流消失

曲線因子（FF）は、最も理解が進んでいないが、高効率化には最終的に必須である。ここでは、セル抵抗によるFF低下は無視できるとする。曲線因子の低下も本質的には無輻射再結合に起因している（図8）[19]。光照射によって生じた電荷は、光電流として外部回路に取り出される、または、再結合によって消失する、の、どちらかのプロセスをたどる。短絡状態（0 V）から開放状態（V_{oc}）まで電圧を変化させると光電流（J）（濃いシェード部分）が減少するが、減少分は再結合によって消失した電流、すなわち、再結合電流（J_{rec}）（薄いシェード部分）となる。光電流は開放端電圧（V_{oc}）でゼロとなるが、これは、全ての光電流が再結合によって失われていることを意味する。なお、J_{rec}は、CT発光再結合（J_{rad}）と無輻射再結合（J_{non}）の和で表される。

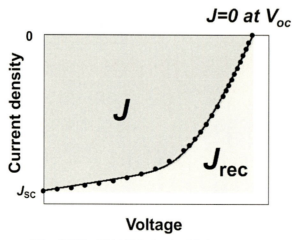

図8　光電流の再結合消失（J_{rec}）が曲線因子を決める

3.2 無輻射再結合と曲線因子

最近の私たちの結果を述べる。J_{sc}：13.5 mAcm^{-2}、V_{oc}：0.74 V、FF：0.67、PCE：6.8％の典型的性能を示す、ドナー（PTB7）：アクセプター（PCBM）バルクヘテロ接合セルを用いた。光電流—電圧（J-V）特性とCT発光（ピーク位置：1050 nm）の電圧（PL-V）依存性を同時に測定した（図9）[19]。J-V特性（実線）に比べて、PL-V特性（破線）は曲線因子がかなり大きい。PL-VはCT発光の起源となるCT状態を介した再結合（ジェミネート再結合、2分子再結合）の影響のみ受けた特性、J-VはCT状態を介さないその他の再結合（トラップ誘起再結合、電極界面再結合）も含めた全ての再結合の影響を受けた実際の特性を表している。このように、PL-VとJ-Vの同時測定によって、再結合過程を詳細に解析することが可能である。

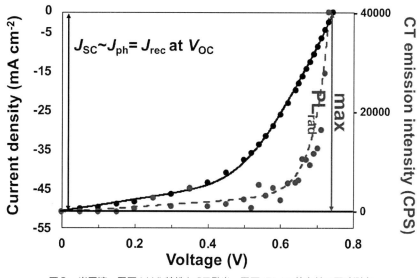

図9 光電流—電圧（J-V）特性とCT発光—電圧（PL-V）依存性の同時測定

3.3 全ての無輻射再結合の抑制

曲線因子を増大させるためには、励起子が解離する過程で起こるジェミネート再結合を抑制するとともに、自由キャリア生成後の後続再結合過程（2分子再結合、トラップ誘起再結合、電極界面再結合）全てを抑制しなければならない。これら全ての過程の本質的な理解が必要である。

3.2項の方法を用いて、例えば、有機／金属界面にトラップ準位を意図的に導入する、ドナー／アクセプターヘテロ界面に絶縁層を意図的に導入する、などの方法によって、曲線因子に対する影響を解明でき、各再結合過程を深く理解できると考えている。

おわりに

全ての無輻射再結合、すなわち、ジェミネート再結合、2分子再結合、トラップ誘起再結合、電極界面再結合、の抑制は、V_{oc}、FFの向上に必要不可欠であり、今後の有機太陽電池の変換効率向上のキー

ポイントである。これらの再結合過程を解明することは、有機半導体の本質的な物理を理解し、新しいコンセプトを生み出すことにつながる。その結果として、有機太陽電池の効率向上を成し遂げることができる。

参考文献

1) M. Hiramoto et al., *Appl. Phys. Lett.*, **58**, 1062 (1991).
2) "Organic Solar Cells – Energetic and Nanostructural Design", A Book, Eds: M. Hiramoto, S. Izawa, Springer Nature Singapore Pte Ltd. (2021).
3) M. Hiramoto et al., *Chem. Lett.*, 327 (1990).
4) J. Hou et al., *Joule*, **6**, 171 (2022).
5) I. Osaka et al., *ACS Appl. Mater. Interfaces*, **14**, 14400 (2022).
6) K. Vandewal et al., *Nat. Energy*, **2**, 17053 (2017).
7) K. Vandewal et al., *Phys. Rev. B*, **81**, 125204 (2010).
8) W. Shockley, H. J. Queisser, *J. Appl. Phys.*, **32**, 510 (1961).
9) M. Kikuchi, S. Izawa, M. Hiramoto et al., *ACS Appl. Energy Mater.*, **2**, 2087 (2019).
10) T. Kirchartz, F. Deledalle, P. S. Tuladhar, J. R. Durrant, J. Nelson, *J. Phys. Chem. Lett.*, **4**, 2371 (2013).
11) L. J. A. Koster, V. D. Mihailetchi, R. Ramaker, P. W. M. Blom, *Appl. Phys. Lett.*, **86**, 123509 (2005).
12) J. Gorenflot et al., *J. Appl. Phys.*, **115**, 144502 (2014).
13) T. Kirchartz et al., *Phys. Rev. B.*, **83**, 115209 (2011).
14) N. Shintaku, M. Hiramoto, S. Izawa, *Org. Electron.*, **55**, 69 (2018).
15) J. P. Ithikkal, A. Girault, M. Kikuchi, Y. Yabara, S. Izawa, M. Hiramoto, *Appl. Phys. Exp.*, **14**, 094001 (2021).
16) M. Hiramoto, M. Kikuchi, S. Izawa, *Adv. Mater.*, **30**, 1801236 (2018).
17) "Conjugated Polymer and Molecular Interfaces", A book, Eds: W. R. Salaneck, K. Seki, A. Kahn, J.-J. Pireaux, Marcel Dekker Inc. (2001).
18) "Organic Photocurrent Multiplication", M. Hiramoto, A book in the Series of Electronic Materials: Science & Technology, Springer Nature Singapore Pte Ltd. (2023).
19) J. -H. Lee, M. Hiramoto, S. Izawa, *Jpn. J. Appl. Phys.*, **61**, 011001 (2021).

第1章　有機薄膜太陽電池材料と最適構造

第3節　有機薄膜太陽電池の高効率化に向けた材料開発

広島大学　尾坂　格

はじめに

　カーボンニュートラル実現に向けて、次世代型太陽電池の開発は重要な課題である。特に、従来のシリコン太陽電池（SiPV）では困難な場所に設置可能な太陽電池技術の開発が望まれている。有機薄膜太陽電池（OPV）は、有機半導体の薄膜を発電層として用いた太陽電池技術であり[1, 2]、低温な塗布プロセスによりプラスチック基板に作製することができるため、軽くてフレキシブルという特性をもつ。同様のフレキシブル型として知られるペロブスカイト太陽電池（PePV）のように発電層に可溶性の鉛系化合物を用いないため、環境にもやさしい。さらに、発電層の厚みが100～300 nmと極めて薄いため、シースルー性が高い。OPVはこのような特長を持つことから、建物の壁などの垂直面や、建物のみならず自動車用の窓など光透過性が求められる場所、農業用ビニールハウスやテントなど曲面や耐荷重性の低い場所など、従来は設置が困難であった場所への導入が期待されている。また、ウェアラブル電源や、室内光など低照度下での特性がよいため各種センサー用電源などへの応用も期待されている。本稿では、有機薄膜太陽電池の材料開発動向について、筆者グループの成果を含め紹介する。

1. 有機薄膜太陽電池の材料

　OPVがSiPVやPePVなど他の太陽電池と大きく違うのは、発電層に2種類の異なる材料（p型およびn型の有機半導体材料）を用いるところであろう。これは、有機半導体が光を吸収することによる生成する励起子を自由電荷に分離させるためである。すなわち、p型とn型の有機半導体分子を接触させると、p型材料に励起子が生成した場合はp型からn型に電子が、n型材料に励起子が生成した場合はn型からp型にホールが移動することで電荷分離が起こり、OPVは発電することができる（図1(a)）。p/n接触面積が大きいほどよく発電するため、2種類の有機半導体の薄膜を積層した二層p/n接合型構造（図1(a)）よりも、これらを混合した薄膜を用いたバルクヘテロ接合型構造（図1(b)）の方が変換効率は圧倒的に高くなる。

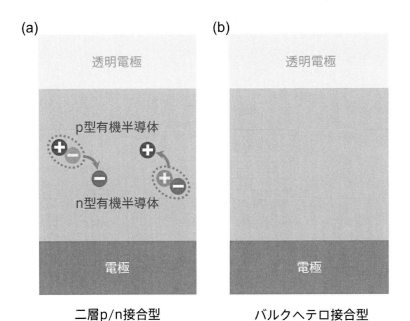

図1　OPV素子の構造
(a) 二層p/n型　(b) バルクヘテロ接合型

　発電材料である有機半導体のバリエーションが豊富であることも、OPVの大きな特徴である。大げさに言えば、有機半導体の分子構造は無限に設計することができる。実際、バルクヘテロ接合型が登場してから現在までのOPVの進展は、有機半導体開発の歴史そのものと言っても過言ではない。新材料を用いた分子配向技術や成膜プロセス技術、素子構造の進歩も、その進展に大きく寄与したことを付け加えておく必要がある。

　図2に米国国立再生可能エネルギー研究所が定期的に発行する太陽電池変換効率の年表"Best Research-Cell Efficiency Chart"のOPV部分の抜粋と各年代におけるベンチマーク有機半導体材料を示す[3]。本年表にOPVが登場したのは、2000年代に入ってからである。その当時使われていた材料は、ほとんどの場合、p型はポリマー系の有機半導体（半導体ポリマー）であるポリチオフェン（P3HT）、n型はフラーレン誘導体（PCBMなど）であった。P3HT/PCBM素子の研究により、従来1～2％だった変換効率が5％程度まで向上したことで、OPVが大きく注目されるようになった。しかし、PCBMは可視光領域に強い吸収帯がなく、P3HTも吸収帯の長波長端が約650 nmと光吸収領域が限定的であったため、大きい電流を得るのは難しいことが大きな問題であった。また、P3HTはHOMO準位が浅いため、電圧がそれほど高くないことも課題であった（電圧はp型材料のHOMO準位とn型材料のLUMO準位とのエネルギー差に依存する（図1(a)））。

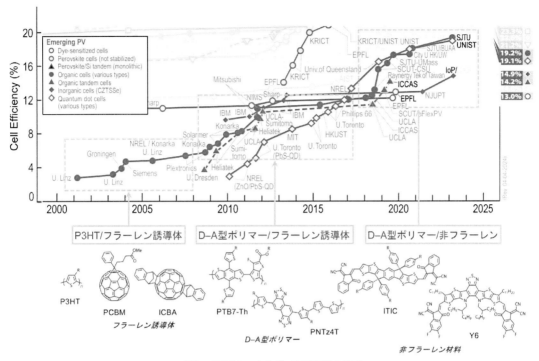

図2 OPVのエネルギー変換効率の推移
（米国再生可能エネルギー研究所 Best Research-Cell Efficiency Chartより抜粋）
と代表的な有機半導体材料の化学構造

2000年代後半からは、P3HTに代わる半導体ポリマーの開発が進んだ。例えばPTB7-ThやPNTz4Tなどの半導体ポリマー（図2）は、いわゆるドナー・アクセプター（D-A）型の分子構造を持つことで、P3HTに比べて吸収帯は長波長化し、可視光領域全体をカバーできるようになり、さらにHOMO準位も深くなっている。結晶性や分子配向制御技術が大きく進展したことも相まって、D-A型ポリマーとPCBMを用いた素子で10％を超える変換効率が報告されている[4]。さらに、2010年代後半から2022年現在まで、n型材料としてITICやY6など（図2）非フラーレン型の低分子系有機半導体（非フラーレン材料）の開発が進み[5]、変換効率は18％を超えるまで大きく向上した[6]。いくつかの論文では素子構造や作製方法の最適化により20％以上の変換効率も報告されている[7]。これら非フラーレン材料は近赤外領域に渡る長波長吸収帯を有するため、組み合わせるp型の半導体ポリマーはP3HTと同様に比較的短波長領域に吸収帯をもつ。非フラーレン材料を用いた素子では、OPVのボトルネックの一つであった電圧損失が抑制されるようになったことも、飛躍的な高効率化の要因である[8]。このように、有機半導体の革新がOPVの進展にもたらした影響は極めて大きい。

2. 筆者グループにおける材料開発
2.1 高結晶性ポリマーの開発

　筆者のグループでは、特に結晶性や分子配向制御に焦点をあて、半導体ポリマーの開発を推進している。ここで述べる半導体ポリマーの結晶性とは、主にポリマー主鎖同士のπスタックにおける主鎖間距離と長距離秩序を指す。結晶性を高めるためには、主鎖間の相互作用が強くなければならないが、その有効な手段として、縮環芳香族骨格をポリマー主鎖に導入することが挙げられる。また、上述のようにポリマー主鎖をD-A型構造にすることによって、双極子が生じるため、主鎖間相互作用を高めることができる。例えば、当グループで開発したチアゾロチアゾールというアクセプター性を有するヘテロ芳香族を有するD-A型ポリマー（PTzBT：(図3(a)）は、薄膜X線構造解析から主鎖間距離は約3.5 Åであることが分かっている[9]。P3HTの主鎖間距離は3.8 Åであり、従来の縮環芳香族を有するポリマーは3.6～3.7 Åであることから、D-A型ポリマーの主鎖間距離はこれらより顕著に近い。また、このようなポリマーでは、10～20のポリマー鎖が連続的にπスタックしている。

　一般的に、結晶性の高いπ共役系ポリマーでは、薄膜中において基板に対して主鎖が垂直となりπスタックした「エッジオン」配向を形成する（図3(b)）[10]。この場合、主鎖と主鎖間πスタックの方向はともに基板に平行となるため、電荷は基板に平行に流れやすい。このようなエッジオン配向は、トランジスタでは非常に有利であるが、OPVのように薄膜上下に電極が配置されたデバイスでは不利である。一方、π共役系ポリマーが形成しうる配向様式として、基板に対して主鎖が平行にπスタックした「フェイスオン」配向がある（図3(b)）[10]。フェイスオン配向では、主鎖方向は基板に平行であるが、πスタック方向は基板に垂直となるため、エッジオン配向に比べて、電荷は基板垂直方向に流れやすいのでOPVには有利となる。我々は、π共役系ポリマーにおいて、可溶性置換基として考えられていたアルキル基などの側鎖について、サイズ（長さ）や形状、置換位置をデザインすることで、分子配向を制御できることを見出している（図3(c)）[11]。PTzBTでは側鎖であるR^1には直鎖状また分岐状のアルキル基、R^2には分岐状のアルキル基を用いているが、例えばR^1が直鎖状の場合には、R^2に比べてR^1が長ければエッジオン配向、R^1とR^2が同じくらいの長さであればフェイスオン配向を形成する。また、R^1およびR^2ともに分岐状であれば、フェイスオン配向を形成する。

　これらのポリマーを用いてPCBMをn型材料として組み合わせたOPV素子の特性を調べると、配向様式によって発電層膜厚依存性が異なることが分かった（図3(d)）。発電層が100 nm程度と薄い場合には、いずれの配向様式のポリマーでも変換効率は同等であったが、200 nm以上の厚膜の場合には、フェイスオン配向のポリマーは変換効率が向上し、エッジオン配向のポリマーでは低下した。これは、フェイスオン配向の方が基板垂直方向の電荷輸送性が高いことで説明できる。この傾向はOPVの素子構造によっても異なるが、一貫してフェイスオン配向のポリマーの方が高い変換効率が得られている[12]。このような結晶性と分子配向制御の分子設計技術を応用し、さらに吸収帯域の広いポリマーを合成したところ（例えば、PNTz4Tなど：図2）、PCBMを組み合わせたOPV素子にて10％以上の変換効率が得られている[4,13,14]。

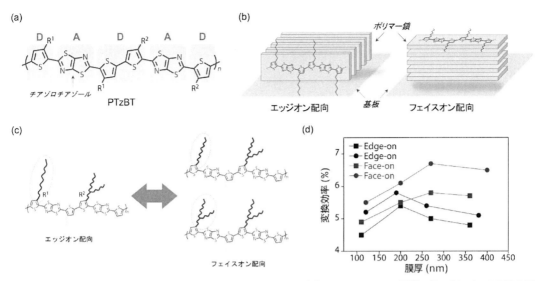

図3 (a) PTzBTの化学構造，(b) π共役系ポリマーの配向様式，(c) PTzBTにおける側鎖の組み合わせによる配向様式の変化，(d) OPV素子の変換効率の発電層膜厚依存性フェイスオン配向のポリマーでは、発電層の厚膜化によって変換効率が向上する。

2.2 低結晶性ポリマーの開発

上述のように、π共役系ポリマーの結晶性や分子配向性の制御により、PCBMをn型材料とするフラーレン型OPVでは変換効率を向上させることができた。しかし、非フラーレン型OPVでは状況は異なることが分かってきている。例えば、非フラーレン型OPVのベンチマークポリマーであるPM6は、薄膜X線回折において強い回折ピークを示さず、結晶性は低いことが知られている[15]。結晶性が高いポリマーで、非フラーレン型OPVにおいて高い効率を示すポリマーは、現状では筆者らの研究を含めて限定的である[16]。結晶性ポリマーを非フラーレン型OPVに展開することは重要な課題であるが、ここでは、高効率化に向けた低結晶性ポリマーの開発について紹介する。

低結晶性ポリマーの利点としては、溶解性が高く、非フラーレン材料との相溶性が高いことであろう。これにより、電荷分離サイトであるポリマーと非フラーレンの界面が増大していることが高い変換効率を示す一つの要因ではないかと考えられる。その一方、生成した電荷をどのように電極まで輸送するかが問題となるが、これは主鎖のネットワークを介して輸送するしかない。すなわち、主鎖が平面性を保持しつつ、高い溶解性を示すポリマーが必要であると我々は考えている。例えば、POTz1（図4(a)）はベンゾジチオフェンとチアゾロチアゾールという2つの縮環骨格を主鎖に有するが、側鎖の立体障害により、主鎖の平面性はあまり高くない[17]。これは薄膜のUV-vis吸収スペクトルにおいて、0-0遷移の吸収ピーク（長波長側）が0-1遷移の吸収ピーク（短波長側）に比べて低いことにより示唆される（図4(b)）。一方、チアゾロチアゾール部位をさらに縮環が増大したベンゾビスチアゾールに置き換えたPNBTz1（図4(a)）は、同様に側鎖は立体障害を有するものの、POTz1に比べて0-0遷移の吸収ピークは相対的に大きくなり、主鎖の平面性は向上していることが分かる（図4(b)）[18]。これらのポリマーはいずれも、薄膜X線回折においてπスタックに由来する回折ピークが非常に弱く、

結晶性は低い。これらのポリマーを非フラーレンのベンチマークであるY6と組み合わせたOPV素子を作製したところ、PNBTz1では、POTz1に比べて主に光電流が向上し、それに伴い、POTz1の12％よりも高い14％の変換効率が得られた（図4(c)）。

しかし、PNBTz1は主鎖の平面性が高く剛直であるため、分子量が増大すると溶解性が大きく低下するという問題があった。分子量が大きければ、それだけ長距離にポリマー鎖のネットワークを構築することができるため、電荷輸送には有利である。そのため、分子量は高くても十分な溶解性を有する平面性の高いπ共役系ポリマーの開発が重要であると考えられた。そこで、我々はチエノベンゾビスチアゾールという、縮環形式の異なるベンゾビスチアゾールにアルキルチオフェン環がさらに縮環した新しい骨格を開発した。これを有するポリマーPTBTz2（図4(a)）は、0-0遷移の吸収ピークは相対的に大きく縮環構造に起因して平面性の高い主鎖構造を保持しつつ（図4(b)）、この骨格に置換されたアルキル基に起因して高い溶解性を示す[19]。その結果、PTzBTz2とY6を組み合わせたOPV素子では、さらに光電流が増大し、最大16％と高い変換効率が得られた（図4(c)）。このように、主鎖の平面性と溶解性を両立するポリマーは、非フラーレン型OPVの変換効率向上に効果的である。このような知見を活かして、当グループでも18％以上の変換効率を示す材料を開発している。

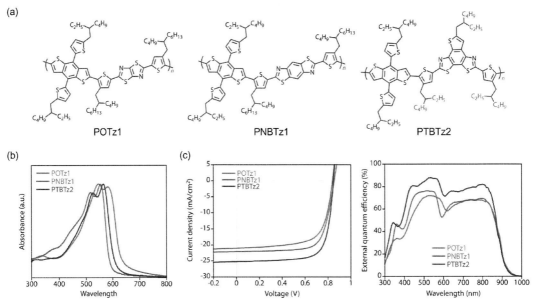

図4 （a）POTz1，PNBTz1，PTBTz2の化学構造，（b）薄膜吸収スペクトル，（c）非フラーレン型OPV素子の電流－電圧特性（左）と分光感度特性（右）、非フラーレン材料としてY6を使用

おわりに

近年は、OPVと同様に"塗って作れる"、"柔らかい"といった特長をもつペロブスカイト太陽電池の急速な発展により、OPVの注目度は大きく低下していた。しかし、この数年の材料革新により変換効率が飛躍的に向上したことにより、OPVは再び注目を集めるようになってきた。論文上では、

再現性はともかくほぼ20％の変換効率が得られたことも報告されている[7]。今後さらに高効率化するためには、電流、電圧、フィルファクター全てのパラメータの底上げが必要であるが、やはり電圧損失の低減が大きな問題となるであろう。非フラーレン材料を使うことで電圧損失は抑制できるようにはなってきたが、シリコンやペロブスカイト太陽電池に比べるとまだ大きい。この要因の一つは電荷分離の際にエネルギーを使ってしまうからである[8]。すなわち、限りなくゼロに近いエネルギーで効率的に電荷分離させることが必要であり、それを具現化する材料設計指針を見出すことが大きな課題であろう。チャレンジングな課題ではあるが、10年前には誰も予想できなかったことが今のOPVに起きていることに鑑みれば、これも解決できるであろう。

一方、高効率化に伴って有機半導体材料の化学構造はさらに複雑化しており、コスト面では大きな課題となる。チャンピオンデータを更新するための材料開発研究が不可欠であることは言うまでもないが、効率とコストのバランスがとれるような材料開発研究も重要である。また、耐久性に関する検証も必要となる。そのためには、研究者人口の増加が必要であり、企業の参入も不可欠である。再び脚光を浴び始めたOPVの研究が、社会実装に向けて今後も持続発展することを期待したい。

参考文献

1) 松尾豊、有機薄膜太陽電池の科学、化学同人(2011)
2) Hiramoto, M.; Izawa, S. Eds. Organic Solar Cells. Springer(2021)
3) https://www.nrel.gov/pv/cell-efficiency.html
4) Vohra, V.; Kawashima, K.; Kakara, T.; Koganezawa, T.; Osaka, I.; Takimiya, K.; Murata, H. *Nat. Photon*. 9, 403(2015).
5) Hou, J.; Inganäs, O.; Friend, R. H.; Gao, F. *Nat. Mater*. 17, 119(2020).
6) Liu, Q.; Jiang, Y.; Jin, K.; Qin, J.; Xu, J.; Li, W.; Xiong, J.; Liu, J.; Xiao, Z.; Sun, K.; Yang, S.; Zhang, X.; Ding, L. *Sci. Bull*., 65, 272(2018).
7) Guan, S.; Li, Y.; Xu, C.; Yin, N.; Xu, C.; Wang, C.; Wang, M.; Xu, Y.; Chen, Q.; Wang, D.; Zuo, L.; Chen, H. *Adv. Mater*. 36, 2400342(2024).
8) Saito, M.; Ohkita, H.; Osaka, I. *J. Mater. Chem. A*. 8, 20213(2020).
9) Osaka, I.; Saito, M.; Mori, H.; Koganezawa, T.; Takimiya, K. *Adv. Mater*. 24, 425(2012).
10) Osaka, I.; Takimiya, K. *Polymer*. 59, A1(2015).
11) Osaka, I.; Saito, M.; Koganezawa, T.; Takimiya, K. *Adv. Mater*. 26, 331(2014).
12) Saito, M.; Koganezawa, T.; Osaka, I. *ACS Appl. Mater. Interfaces*. 10, 32420(2018).
13) Kawashima, K.; Fukuhara, T.; Suda, Y.; Suzuki, Y.; Koganezawa, T.; Yoshida, H.; Ohkita, H.; Osaka, I.; Takimiya, K. *J. Am. Chem. Soc*. 138, 10265(2016).
14) Saito, M.; Fukuhara, T.; Kamimura, S.; Ichikawa, H.; Yoshida, H.; Koganezawa, T.; Ie, Y.; Tamai, Y.;

Kim, H. D.; Ohkita, H.; Osaka, I. *Adv. Energy. Mater.* 10, 1903278(2020).

15) Yuan, J.; Zhang, Y.; Zhou, L.; Zhang, G.; Yip, H.-L.; Lau, T.-K.; Lu, X.; Zhu, C.; Peng, H.; Johnson, P. A.; Leclerc, M.; Cao, Y.; Ulanski, J.; Li, Y.; Zou, Y. *Joule.* 3, 1140(2019).

16) Yamanaka, K.; Saito, M.; Koganezawa, T.; Saito, H.; Kim, H.-D.; Ohkita, H.; Osaka, I. *Adv. Energy Mater.*, 13, 2203443(2023).

17) Saito, M.; Ogawa, S.; Osaka, I. ChemSusChem. 14, 5032(2021).

18) Nakao, N.; Ogawa, S.; Kim, H.-D.; Ohkita, H.; Mikie, T.; Saito, M.; Osaka, I. *ACS Appl. Mater. Interfaces.* 13, 56420(2021).

19) Nakao, N.; Saito, M.; Mikie, T.; Ishikawa, T.; Jeon, J.; Kim, H.-D.; Ohkita, H.; Saeki, A.; Osaka, I. *Adv. Sci.* 10, 202205682(2023).

第1章 有機薄膜太陽電池材料と最適構造

第4節 有機薄膜太陽電池の電子準位・励起子束縛エネルギーの評価法

千葉大学大学院工学研究院　吉田　弘幸

はじめに

　半導体電子デバイスの動作原理を解析にするには、電子準位を知る必要がある。特に有機半導体デバイスの特徴は、有機化学により新規有機半導体材料を容易に開発できることにある。多くの材料から適切な材料を選ぶには、材料の電子準位の正しい測定は重要である。

　有機薄膜太陽電池については、これに加えて励起子束縛エネルギーの問題がある。有機半導体の励起子束縛エネルギーは0.5 eV程度であり、無機半導体（例えばシリコンは0.015 eV）よりも一桁以上大きい。室温エネルギーが0.03 eVぐらいであるから、太陽光によって生成した励起子は、有機半導体中では自発的には解離できない。この大きな励起子束縛エネルギーを克服して、効率よく電荷を分離し回収することが有機太陽電池の主要な課題である。このためには、電子準位の正確な測定に基づいたエネルギーの検討が必要である。実際には、測定が困難であるだけでなく、研究者の間で共通の理解が成立していないため混乱がある。

　ここでは、電子準位の考え方、電子準位を決定する原理を解説し、それに基づいて電子準位の評価方法を検討する。

1．エネルギーダイヤグラム　～一電子描像と全電子描像について～

　図1(a)は有機太陽電池の動作機構を示したものである。ドナー性とアクセプター性の2種類の有機半導体からなる動作層が太陽光を吸収して励起子が生成する。この励起子は、正孔と電子がクーロン引力で強く結びついた状態であり、ドナーとアクセプターの界面のエネルギー差（エネルギーオフセット）を用いて分離する。分離した正孔と電子は、それぞれドナー層、アクセプター層を伝わって電極で回収される。これが有機太陽電池の動作機構である。

　これを一電子近似に基づくエネルギーダイヤグラムで表したのが図1(b)である。HOMO準位にある電子が太陽光によりLUMO準位に励起される。これにより生成したエキシトンを、ドナー層にエキシトンがある場合には、ドナーとアクセプターのLUMO準位のエネルギー差（LUMO-LUMOオフセット）、アクセプター層にエキシトンがある場合にはHOMO準位のエネルギー差（HOMO-HOMOオフセット）により、電荷分離が行われる。経験的に、効率の良い電荷分離のためには、0.3 eV以上のオフセットが必要とされている。

　しかし、この一電子近似に基づく記述は正確ではない。太陽光を吸収して生成した励起子のエネルギーは、HOMOに正孔、LUMOに電子が入った状態から、正孔と電子の間に働くクーロン引力を引いたものである。同様に、電荷分離状態と自由電子状態（図1）の違いも表せない。一電子描像では、どちらもドナーのHOMOに正孔、アクセプターのLUMOに電子が入った状態として表現され違いがないが、実際にはクーロン引力の分だけエネルギーが異なる。ここでは詳しく述べないが、一重項と

三重項のエネルギーの違いも表すことができない。図1(b)の一電子近似に基づくダイヤグラムでは、電子と正孔、または電子と電子の間に働く引力や斥力が表せないのである。

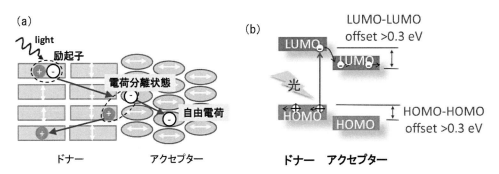

図1　有機薄膜太陽電池の動作機構と一電子近似によるエネルギーダイヤグラム

　これを回避するには、図2のように太陽光を照射する前の基底状態のエネルギーを基準として、全エネルギーを表示する方法がある。この全エネルギーに基づくダイヤグラムは、エネルギー保存則に基づいているため近似が含まれていない正確なものである。これならば、励起子（励起状態）」と正孔がHOMOと電子がLUMOにある状態を区別することができる。また、電荷移動（CT）状態と自由電荷（CS）状態のエネルギーが区別することができる。太陽電池の動作機構は、全エネルギー表示を使えば正しく表現できる。この全エネルギーによれば、励起子状態E_{ex}と電荷分離状態E_{CT}のエネルギー差によって励起子が解離されることがわかる。一重項S1と三重項T1の励起子エネルギーも明確に区別できる。

　一方で、一電子近似は、エネルギーを表す方法としては不完全な記述であるが、全体の見通しが良いため、しばしば使われる。大切なことは、一電子近似で、どの効果が表示されていて、どの相互作用が無視されたり近似されているのか理解することである。一電子近似と全エネルギー表示の両方の描像を自在に行き来できるようにすると、太陽電池の電子準位の本質がよく理解できる。

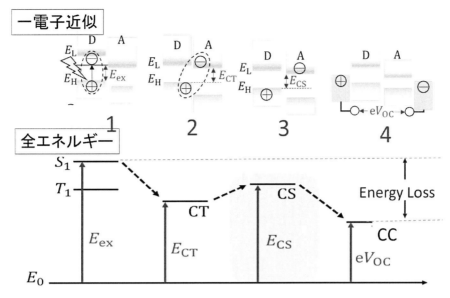

図2　有機太陽電池の動作機構を表すエネルギーダイヤグラム
励起子状態EX、電荷分離状態CT、自由電荷状態CS、電荷収集状態CCの
エネルギーを一電子近似（上）と全エネルギー（下）で表した。

2. 有機半導体の電子準位は何で決まるのか？

　太陽電池特性を議論するために、電子準位を測定する必要がある。さまざまな測定手法がある中でどれを選んだらよいのかを判断するには、まず電子準位が何で決まるのかを理解する必要がある。

　図2の励起子状態（EX）や電荷解離状態（CT）は、光吸収スペクトル、発光スペクトルから測定することができ、測定法も確立している。また、正しく測定していれば測定者による違いも小さい。そこで、ここでは自由電荷のエネルギー（CS）や電子や正孔が流れる電子準位を中心に考察する。

　有機半導体は、有機分子が弱い分子間力により集合化したものである。このことから有機半導体の電子準位には、個々の分子の電子準位の特徴が強く残っている。このことから、ホール輸送は、分子の最高占有軌道（highest occupied molecular orbital：HOMO）に由来する固体準位が担うことになる。一方、電子輸送は最低空軌道（lowest unoccupied molecular orbital：LUMO）由来の準位が担う。このようなことから、これらの準位はそれぞれHOMO準位、LUMO準位とよばれる。

　イオン化エネルギーIは、系から電子を取り出して正イオンを生成するのに必要な最低エネルギーであり、真空準位を基準としたHOMO準位の上端に対応する。一方、電子親和力Aは、系に電子を注入して負イオンを生成するときに放出されるエネルギーの最大値であり、真空準位を基準としたLUMO準位の下端に対応する。HOMO準位やLUMO準位という用語は、電子準位を表すには良いが、エネルギーを指す際には準位に幅があってどの部分を指すか明確でなく、エネルギーの基準が曖昧である。そこで、本稿では、エネルギーについては、定義が明確なイオン化エネルギーと電子親和力という用語を使うことにする。

　有機トランジスタに用いられる一部の高移動度の有機半導体を除けば、有機半導体中では、ホール

や電子などの電荷はひとつの分子に局在化しており、ホッピング伝導すると考えられている。分子に局在化した電荷はイオンとなる。中性分子どうしの相互作用に比べて、イオンと中性分子の相互作用は大きい。このことから、有機半導体（固体）の電子準位では、このイオンと周囲の電気的に中性な多数の分子との相互作用が重要になる。これは電荷-誘起双極子、電荷-永久双極子、電荷-永久四重極などで近似される電気的な相互作用であり、歴史的な理由により、これらをすべてまとめて分極エネルギーと呼んでいる。図3に示すように、気相と固相のイオン化エネルギーをそれぞれ、I_{gas}、I_{solid}、電子親和力をA_{gas}、A_{solid}とするとき、正電荷と負電荷に対する分極エネルギーP_+とP_-は、それぞれ

$$P_+ = I_{gas} - I_{solid},$$
$$P_- = -A_{gas} + A_{solid} \qquad (1)$$

とあらわすことができる[1]。I_{solid}については紫外光電子分光法、A_{solid}については低エネルギー逆光電子分光法により測定される。気相のイオン化エネルギーI_{gas}は、気体紫外光電子分光など、気相の電子親和力A_{gas}は負イオンの光電子分光などにより測定される。P_+の大きさは、分子にほとんど依存せず、1eV～2eVである[2]。P_-も同程度である。なお、厳密にはバンド幅などを若干の補正する必要があり、その大きさは通常0.1eV程度、大きくても0.3eV以下である[3]。

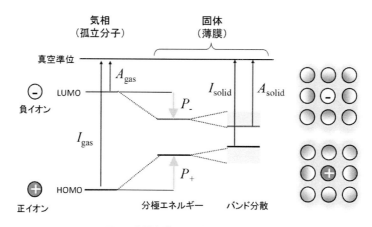

図3　有機半導体の分極エネルギー P
分極エネルギーは、固体と気相の電子準位の差である。
ただし、バンド幅による0.1eV程度の補正がいる。

分極エネルギーは、誘起効果と静電効果に分けることができる（図4）[4]。誘起効果というのは、電荷を周囲の分子の電子雲が動いて安定化する効果であり、電子分極そのものである。この効果は、正電荷に対しても負電荷に対しても同じ安定化エネルギーE_pであると考えられる。一方、有機分子には、分子内に電荷分布がある。図5には、例として密度汎関数計算により求めたペンタセンキノンの電荷分布を示した。このような分子内電荷分布と電荷は相互作用する。これが静電効果である。静電効果は、クーロン力の和であるから、正電荷と負電荷では絶対値が同じで符号が逆になる。すなわち、正

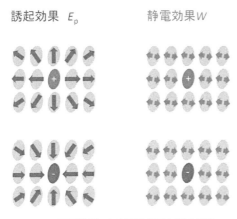

図4　電子分極のうち誘電効果と静電効果

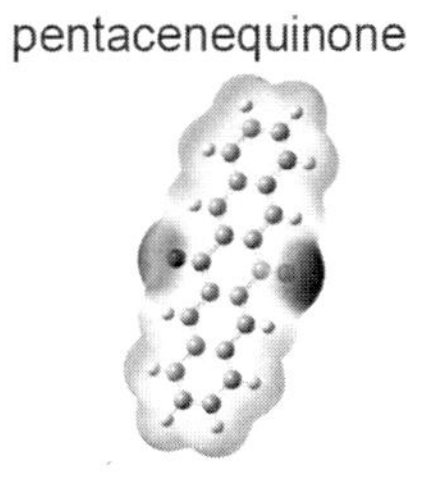

図5　ペンタセンキノンの電荷分布
有機分子内の電荷分布が静電エネルギーWの起源となる

電荷に対する静電エネルギーがWであれば、負電荷に対する静電エネルギーは$-W$と近似できる。
　このことから、

$$P_+ = E_p + W,$$
$$P_- = E_p - W \qquad (2)$$

すなわち、静電エネルギーWの分だけ、正電荷・負電荷に対する分極エネルギーP_+とP_-は異なる。逆に、P_+とP_-が決定できれば、誘起効果E_pと静電効果Wを求めることができる[4]。静電ポテンシャルWは、異方性があり、長距離力であるため、薄膜の電子準位が分子の配向に依存する[3-5]、混合膜の混合比を変えることで電子準位を連続的に変化する[6]、試料の形状依存性を引き起こす[7]ことが分かっている。この効果は1 eVにもなる。

　これらの事実は、有機半導体の電子準位を測定するには、実際のデバイスにできるだけ近い構造（結晶性や分子配向）をもつ薄膜について測定する必要があること、そしてHOMO準位を測定する際には正孔を、LUMO準位を測定するには電子を注入して分子イオンが存在する状態について測定する必要があることを示している。

3. 電子準位の測定法

　以上のことを踏まえて、電子準位の測定法について考える。ここでは、界面や混合膜ではなく、個々の材料の電子準位を求める方法を扱う。電子準位を求める方法としては、電子分光法により固体で測定する方法、溶液中の酸化・還元電位から求める方法、分子設計などに量子化学計算がしばしば用いられる。それぞれの方法の原理と特徴を解説する。

3.1 光電子分光法と逆光電子分光法

HOMO準位の測定法として広く普及している光電子分光法（photoelectron spectroscopy：PES）は、図6のように、エネルギー$h\nu$の真空紫外光）を試料に照射し、外部光電効果により放出される電子の運動エネルギーE_kを測定することで、HOMO準位（価電子準位）の電子の束縛エネルギーE_bを測定する。試料の真空準位を基準とした価電子準位の上端のエネルギーがイオン化エネルギーに対応する。測定の過程で、電子を取り出すことにより試料のHOMO準位に正孔が生成するため、正孔の伝導する電子準位を測定していることになる。似たような原理の光電子収量分光法（photoemission yield spectroscopy：PYS）も、国内では市販装置が普及していることから、幅広く使われている。PYSでは照射する光のエネルギーを増やしながら、放出される電子の全収量を測定する。イオン化による電子が検出される光エネルギーの閾値がイオン化エネルギーである。

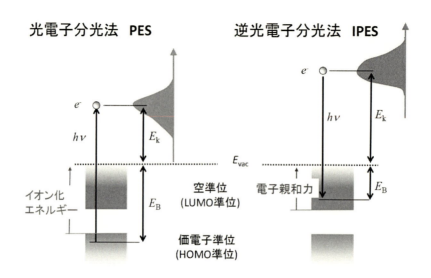

図6　光電子分光法と逆光電子分光法

これに対して、LUMO準位については、逆光電子分光法（inverse photoelectron spectroscopy：IPES）が原理的に適した方法である。図6にIPESの原理を示す。IPESでは、試料にエネルギーE_kのそろった電子を照射し、この電子がLUMO準位（空準位）に緩和するときの発光$h\nu$を観測する。これにより、空準位の電子束縛エネルギーE_bを調べることができる。IPESは、PESの逆過程とみなすことができ、HOMO準位のPESと相補的な測定法であり、電子親和力の測定法として原理的には理想的な方法である。

しかし、信号強度がきわめて低いことから実験が難しい。理論研究によれば、PESに対するIPES過程の断面積は、10^{-5}程度しかない[8]。このことから、IPES測定では、大量の電子を試料に照射し、微弱光を高感度で分析しなければならない。高感度な光分析器として、IPESでは1970年代後半にDoseが開発したバンドパス光検出器が使われてきた[9]。しかし、この光検出器の分解能が低いため、エネ

ルギー分解能は0.5 eV程度に制限されてきた。また、照射する電子のエネルギーE_kが5〜15 eVであるため、大量に照射すると有機試料は損傷を受ける。このように、原理的にはIPESはLUMO準位の理想的な測定手法であるが、低分解能と試料損傷という2つの課題を解決する必要があった。

筆者は、このようなIPESの根本的な改良に取り組んできた。まず電子線による試料損傷を防ぐために、電子の運動エネルギーを有機分子の損傷閾値よりも低い4 eV以下にした。これにより、有機試料の損傷をほぼ無視できる程度にまで低減した。電子の運動エネルギーを下げると、エネルギー保存則により放出される光のエネルギーも5 eV以下（波長で250 nm以上）の近紫外光になる。近紫外光の検出には、誘電多層膜バンドパスフィルターが使えることから、IPES装置の分解能が0.25 eVと従来のIPESの2倍にまで向上した。従来のIPESよりも低いエネルギーの電子と光を扱うので、この測定手法を低エネルギー逆光電子分光法（LEIPS）と呼ぶ[10,11]。

3.2 CVによる酸化還元電位

イオン化エネルギーと電子親和力を求める方法として、サイクリックボルタンメトリー（CV）により電気化学的に測定した酸化・還元電位からに推定する方法がある。これは、溶液に溶解した分子を電気化学反応でイオン化するものであり、溶液中の分子のイオン化エネルギーや電子親和力を測定することになる。ただし、エネルギーの基準は真空準位ではなく、フェロセンの酸化電位4.8 eVを基準することが多い。このことから下記の式が広く使われている。酸化電位E_{ox}からイオン化エネルギーIを求める場合には、

$$I = eE_{ox} + 4.8\,\text{eV}, \quad (3)$$

還元電位E_{red}から電子親和力Aを求めるには、

$$A = eE_{red} + 4.8\,\text{eV} \quad (4)$$

ここでeは素電荷である。

しかし、実際にCVとUPSやLEIPSの測定データから、相関を調べてみると、図7で表されるように、傾きは1にはならず、IとE_{ox}、AとE_{red}の関係は、次の線形関係で表すことができる。

$$I = a_+ \times eE_{ox} + b_+, \quad (5)$$

$$A = a_- \times eE_{red} + b_- \quad (6)$$

イオン化エネルギーIについては、UPSとCVの測定結果を比較して、経験的パラメータ$a_+ = 1.2 \sim 1.7$, $b_+ = 4.6 \sim 4.8\,\text{eV}$[12]、電子親和力$A$については、LEIPSとCVの比較から、$a_- = (1.24 \pm 0.07)$, $b_- = (5.06 \pm 0.15)\,\text{eV}$が提案されている[13]。切片$b$は、フェロセンの酸化電位4.8 eVとほぼ一致するが、傾きが1よりも大きくなる。その原因としては、電極の鏡像効果やイオンの安定化エネルギーなどが提案されているが決着はついていない。

いずれにしても、論文等でよく用いられる(3)、(4)式による変換では、薄膜の正しいIやAを見積もられない。それに加えて、CVによる測定では、前述のような分子の配向や混合膜での分子混合比、結晶性などの固体（薄膜）に固有の効果は含まれていない。このようなことに注意したうえで、測定値を使う必要がある。

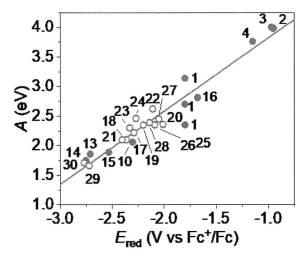

図7　CVで測定した還元電位E_{red}と低エネルギー逆光電子分光で測定した電子親和力Aの関係[13]

3.3　光電子分光法と光吸収・発光スペクトル

イオン化エネルギーIと電子親和力Aの差は、バンドギャップ（エネルギーギャップ、transport gap, quasi-particle gap）E_Gであり、半導体の特性を決める重要なエネルギーパラメータである。これに基づき、電子親和力Aを求める方法として、イオン化エネルギーIを光電子分光法で測定して、バンドギャップの代わりに光吸収スペクトルや発光スペクトルから求めた光学ギャップを引いて、電子親和力Aを推定するという方法もよく用いられる。図8に示すように、光学ギャップE_{opt}は励起子エネルギーE_{ex}（図2）に対応しており、励起子束縛エネルギーの分だけバンドギャップE_Gよりも狭い。後に述べるように、有機半導体の励起子束縛エネルギーは0.5 eVぐらいであり、光学ギャップE_{opt}を用いて見積もった電子親和力Aは励起子束縛エネルギーの分だけ大きい値となる。これを解決する方法については後に述べる。

3.4　量子化学計算

分子設計の際、例えば分子骨格が決まっていて置換基を変えて電子準位がどのように変わるかが知りたい、といった場合にしばしば量子化学計算が使われる。固体についての計算は、時間もコストもかかるため、普通は単分子について計算する。計算の際に気を付けることは、(1) 計算方法、(2) 分子の構造、(3) 何を計算するかである。計算方法には、ハートレー・フォック法、密度汎関数法、これらを混ぜたハイブリッド関数がよく使われる。密度汎関数法には近似法によって、局所密度汎関数法（LDA）、一般化勾配近似（GGA）などがあり、それぞれについて多くの汎関数が提案されている。

計算方法と合わせて、計算結果に影響するのが、基底関数の選び方である。分子の計算でよく使われるのが、ガウス型基底関数である。6-31G, 6-311Gなどがあり、これに分極関数（polarization function）や拡散関数（diffuse function）を組み合わせて使う。固体の計算では、平面波基底関数がよく用いられる。基底関数は大きければ大きいほど精度が向上する。

電子準位の計算の際に、何を計算するか、どのような計算値から電子準位を導き出すかは重要である。たとえば、HOMOやLUMOのエネルギーを計算したいときに、一電子近似により導かれた軌道エネルギーを使うことがある。ただし、近似が入っており、計算方法によってはバンドギャップ（HOMOとLUMOのエネルギー差）が大きく変わる。分子によるHOMOやLUMOの相対的なエネルギーの違いが知りたければこの方法でよいが、定量的にエネルギーを議論するのにはふさわしくない。分子のイオン化エネルギーを計算するには、HOMOの軌道エネルギーではなく、正イオンと中性の分子との全エネルギー差を使うと良い。同様に、電子親和力は、中性分子と負イオンの全エネルギー差から求めることができる。

もう一点重要なのは、計算する分子の構造である。通常は構造最適化を行ってから、電子状態を計算する。イオン化エネルギーや電子親和力を計算する際に、中性の構造を使えば垂直イオン化エネルギーや垂直電子親和力が求まる。正イオン、負イオン、中性分子をそれぞれ構造最適化すると、断熱イオン化エネルギー、断熱親和力となる。

実験に比べて、単分子についての計算は手軽にできる。ただし、単分子であるから、固体に特有の効果は含まれない。また、分子の構造（コンフォメーション）が固体中とは異なることもあり、そのためにエネルギー準位が大きく変わる可能性もある。

4. 励起子束縛エネルギー

バンドギャップと光学ギャップは、励起子束縛エネルギーだけ差があることを3.3で述べた。図8に示すように、このIとAから求めたバンドギャップE_Gと光学ギャップE_{opt}との差は、有機半導体の励起子束縛エネルギーを求める最も確実で信頼性の高い方法である。励起子とは、正孔と電子がクーロン引力で結合した状態である。励起子の大きさとクーロン引力の大きさによって、フレンケル（Frenkel）エキシトン、CT（charge-transfer）エキシトン、ワニエ（Wanier）エキシトンに分類される。有機半導体では、通常はFrenkelエキシトンであり、一部でCTエキシトンができる例も報告されている。有機半導体では、光の吸収や発光はエキシトンを介して行われ、一方、電荷注入や電荷収集は自由電子状態を介して行われる。つまり、有機半導体の光特性と電荷特性の関係を表すのが励起子束縛エネルギーということになる。

以前から、UPSとIPESと光学測定の組み合わせにより励起子束縛エネルギーが0.5eV程度と見積もられてきた。最近、筆者らはLEIPSを用いることで精度0.1eVの精密な励起子束縛エネルギーの測定を実現した[14]。これによれば、太陽電池材料は多くの場合、0.2〜0.7eVである。一方、有機EL材料では1eVを超えるものが多い。太陽電池では励起子を解離して自由電荷を作る必要があるため、励起子束縛エネルギーは小さいほうが効率の良い太陽電池となる。一方、有機ELでは、励起子を効率よ

く生成して発光させるため、励起子束縛エネルギーは大きいほうが有利である。太陽電池や有機ELなどのデバイス開発では、試行錯誤的に材料が選択されてきたわけであるが、結果的に正しい材料が選ばれてきたといえるだろう。

　精密に励起子束縛エネルギーを測定したことにより、バンドギャップには相関があることがわかってきた[14]。図9に示すように、励起子束縛エネルギーはバンドギャップの1/4になる。これによれば、励起子束縛エネルギーは、光学ギャップの1/3になる。このような単純な関係があることは、これまで全く予想されていなかった。著者らは、水素原子モデルにより説明されるとしている。逆に、この関係を使うと、光学ギャップE_{opt}の4/3がバンドギャップになる。これを使うとイオン化エネルギーIから電子親和力Aを次のようにして見積もることができる。

$$A = I - \frac{4}{3} E_{opt} \qquad (7)$$

この式を使えば、従来の方法よりは正確な推定値が得られるであろう。

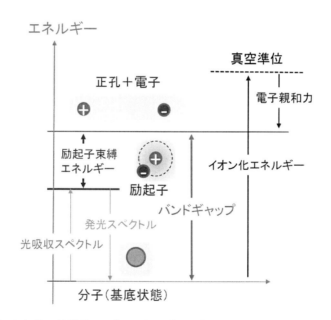

図8　励起子エネルギー（光学ギャップ）とバンドギャップ、イオン化エネルギー、電子親和力の関係

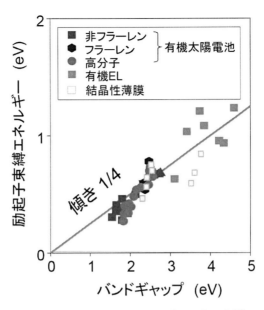

図9　励起子束縛エネルギーとバンドギャップの関係[14]

おわりに

　電子準位の考え方、測定法について解説してきた。エネルギーダイヤグラムに基づいてデバイスの動作を解析する際に一電子近似ではなく全電子エネルギーに基づくダイヤグラムを使うべきであること、電子準位が薄膜中の分子配向や結晶性、分子混合比によって最大で1 eVも変わりうること、このことから電子準位は紫外光電子分光法（UPS）や低エネルギー逆光電子分光法（LEIPS）によって測定するべきであることを述べた。

　有機太陽電池は、有機化学者、デバイス開発者、物理化学者、物質科学者など多くの分野の研究者が集まって研究している。このため、分野全体でコンセンサスを得るのは難しい。そのため不正確な電子準位に基づいた議論が長いこと使われている。有機ELの分野では、光学ギャップから求めた電子親和力に基づいて解析されてきた。しかし、LEIPSで求めた正しい電子親和力を使う必要があること、それに伴って従来の解釈を見直す必要があることが最近の教科書でも指摘されている[15]。有機太陽電池では、CVで測定した電子準位を使うことが多い。CVで測定した値を使う場合の問題点についても指摘した。今後CVに基づいた解釈は、再検討が必要であろう。

　しかし、UPSやLEIPSによって電子準位を解析するのが難しい場合も多い。それでは、どうしたらよいのだろうか。本稿で強調したように、測定原理を理解し、その意味や限界を理解する努力は大切である。また、論文から数値だけを抜き出すのではなく、生のデータを確認する習慣をつけるべきであろう。しばしばCV測定では、可逆でないボルタノグラムから値を出していたり、ボルタノグラムを掲載していない場合さえある。自分では判断できず、専門家の助言を得ることも難しい場合、最低限必要なことは、論文などに測定値を記載するときに、生のデータとともに測定方法、測定条件を明記することである。論文などの測定値を使うときには、これらを確認することである。

参考文献

1) 佐藤直樹、分光研究、**36**、243 (1987).
2) N. Sato, K. Seki and H. Inokuchi, J. Chem. Soc. -Faraday Trans. 2 **77**, 1621 (1981).
3) H. Yoshida, K. Yamada, J. Tsutsumi and N. Sato, Phys. Rev. B 92, 075145 (2015).
4) k. Yamada, S. Yanagisawa, T. Koganezawa, K. Mase, N. Sato, H. Yoshida, Phys. Rev. B. **97**, 245206 (2018).
5) S. Duhm, G. Heimel, I. Salzmann, H. Glowatzki, R. L. Johnson, A. Vollmer, J. P. Rabe and N. Koch, Nature Materials **7**, 326 (2008).
6) M. Schwarze, W. Tress, B. Beyer, F. Gao, R. Scholz, C. Poelking, K. Ortstein, A. A. Gunther, D. Kasemann, D. Andrienko and K. Leo, Science 352, 1446 (2016); Y. Uemura, Syed A. Abd-Rahman, S. Yanagisawa, H. Yoshida, Phys. Rev. B. **102**, 125302 (2020).
7) Syed A. Abd-Rahman, T. Yamaguchi, S. Kera, H. Yoshida, Phys. Rev. B. **106**, 075303 (2022).
8) J. B. Pendry, Phys. Rev. Lett. **45**, 1356 (1980).
9) V. Dose, Appl. Phys. **14**, 117 (1977).
10) H. Yoshida, Chem. Phys. Lett. **539-540**, 180 (2012).
11) H. Yoshida, J. Electron Spectrosc. Relat. Phenom. 204, **116** (2015).
12) B. W. D'Andrade et al., Org. Electron. **6**, 11 (2005); J. Sworakowski, J. Lipinski and K. Janus, Org. Electron. **33**, 300 (2016).
13) M. Kubo, H. Yoshida, Org. Electron. **108**, 106551 (2022).
14) A. Sugie, K. Nakano, K. Tajima, I. Osaka, and H. Yoshida, J. Phys. Chem. Lett. **14**, 11412-11420 (2023).
15) 筒井哲夫、安田剛、「有機ELのデバイス物理」丸善出版 (2023)

第1章 有機薄膜太陽電池材料と最適構造

第5節 振電相互作用密度理論に基づく有機エレクトロニクス材料の解析と設計

京都大学福井謙一記念研究センター　佐藤　徹

はじめに

　振電相互作用は、キャリア輸送における抵抗やエネルギー散逸、励起状態における無輻射失活の駆動力であり、振電相互作用密度[1-3]はこれを解析・制御することを可能とする概念である。また、化学反応の反応性指標としても用いることが出来、材料劣化の抑制等への応用も可能である。振電相互作用密度理論による分子設計では、スクリーニングは基本的に不要であり、機能の発現機構の理解に基づいたピンポイント設計が可能であることがその特長である。本稿では有機エレクトロニクス材料にこれを適用した事例について紹介する。

1. 序

1.1 振電相互作用

　振電相互作用とは、分子振動と電子の間の相互作用のことである。この相互作用は、発光現象、キャリア輸送、化学反応、超伝導、磁性、強誘電性などの物性を支配する基本的な相互作用である。この相互作用を解析する手法の一つが、振電相互作用密度理論[1-3]である。この理論により、振電相互作用の起源を解析することができる。この起源を解析すると、分子の電子状態、振動状態との関係から理解することが可能になり、それを制御することができる。振電相互作用（vibronic coupling）は、vibrationとelectronicの合成語である。振電相互作用は、ヤーン・テラー効果、励起状態の振動緩和、無輻射遷移の駆動力となり、また、キャリア輸送において抵抗やエネルギー散逸の原因となる。振電相互作用密度は、振電相互作用の密度表現であり、振電相互作用を電子状態と振動状態の関係として理解することを可能にするものである。この解析結果に基づき、キャリア輸送材料や発光材料を設計することができる。具体的には、発光分子の傾向量集率の向上、非発光性分子に蛍光性を付与することなどが可能である。また、化学反応がどこで起こるかという、いわゆる領域選択性の問題を示す反応性指標としても応用することができる。

　振電相互作用定数$V_{mn,\alpha}$は次の式(1)により定義される。

$$V_{mn,\alpha} := \int d\tau \Psi_m^*(r, R_0) \left(\frac{\partial \hat{H}(r, R)}{\partial Q_\alpha}\right)_{R_0} \Psi_n(r, R_0) \quad (1)$$

　m、nは電子状態を表し、αは振動モードを表す。Hは分子ハミルトニアンであり、Q_αは振動モードαの振動座標である。rとRはそれぞれ電子と原子核の位置座標をまとめて表したものであり、R_0は電子状態mの安定構造である。分子ハミルトニアンを振動座標で微分した振電相互作用演算子を、電子状態m、nの波動関数ではさんで積分したものが振電相互作用定数である。振電相互作用にはmとnが等しい対角型とmとnが異なる非対角型の2つのタイプがある。対角型振電相互作用は、励起

状態において振動緩和の駆動力となる。一方、非対角振電相互作用は、内部転換や系間交差、すなわち無輻射遷移の駆動力となる。

1.2 振電相互作用密度

振電相互作用定数を分子の位置座標に分布した密度として表した振電相互作用密度（vibronic coupling density）は次の式(2)で定義される。

$$V_{mn,\alpha} = \int \eta_{mn,\alpha}(\boldsymbol{x}) d^3\boldsymbol{x} \quad (2)$$

対角振電相互作用密度は差電子密度$\Delta\rho$とポテンシャル導関数v_αの積となり、非対角型振電相互作用密度は重なり密度ρ_{mn}とポテンシャル導関数v_αの積として定義される。振電相互作用密度を空間座標で積分すると振電相互作用定数を与える（式(3)）。

$$V_{mn,\alpha} = \int \eta_{mn,\alpha}(\boldsymbol{x}) d^3\boldsymbol{x} \quad (3)$$

式(4)で定義される差電子密度は電子状態変化に伴う電子密度分布の変化である。

$$\Delta\rho_n(\boldsymbol{x}) := \rho_n(\boldsymbol{x}) - \rho_m(\boldsymbol{x}) \quad (4)$$

重なり密度は2つの電子状態mとnの積を1つの空間座標を残し残りの全ての座標について積分してN（電子数）倍したものとして定義される（式(5)）。

$$\rho_{mn}(\boldsymbol{r}_1) := N \int \cdots \int ds_1 d\boldsymbol{r}_2 ds_2 \cdots d\boldsymbol{r}_N ds_N \Psi_m^*(\boldsymbol{r}_1, s_1, \cdots, \boldsymbol{r}_N, s_N, \boldsymbol{R}_0) \\ \times \Psi_n(\boldsymbol{r}_1, s_1, \cdots, \boldsymbol{r}_N, s_N, \boldsymbol{R}_0) \quad (5)$$

ポテンシャル導関数v_αは、一つの電子に全ての原子核から作用する引力ポテンシャル$u(x)$を振動座標で微分したものである（式(6)）。

$$v_\alpha(\boldsymbol{x}) := \left(\frac{\partial u(\boldsymbol{x})}{\partial Q_\alpha}\right)_{\boldsymbol{R}_0}, \text{ where } u(\boldsymbol{x}) := \sum_{A=1}^{M} -\frac{Z_A e^2}{4\pi\epsilon_0|\boldsymbol{x} - \boldsymbol{R}_A|} \quad (6)$$

図1(b)に示すようにポテンシャル導関数v_αは原子位置の近傍で振動モードの変位方向を軸としたp軌道のような分布を持っており、原子核の近傍で絶対値がほぼ等しく、符号が逆転したような対称的な分布を持つという特徴がある。このポテンシャル導関数の分布の特徴が、以下に見るように振電相互作用を解析する鍵となる。

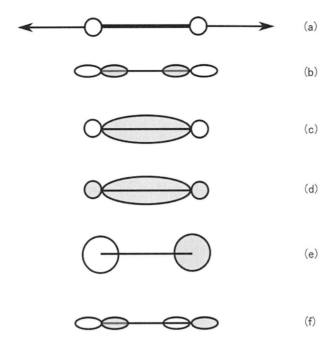

図1 振電相互作用密度解析 (a) 振動モード、(b) ポテンシャル導関数、(c) 大きな振電相互作用を与える差電子密度／重なり密度、(d) (c)の場合の振電相互作用密度、(e) 振電相互作用を与えない差電子密度／重なり密度、(f) キャンセルする振電相互作用密度

　ポテンシャル導関数に対して、差電子密度や重なり密度は分子によっても異なり、どのような電子状態を考えるかによっても様相が異なる。差電子密度が原子状態に対称的に分布している場合（図1(e)）、ポテンシャル導関数との積である振電相互作用の密度は、原子核周りで正負符号を異にした対称的な分布となる（図1(f)）。このような分布を積分した場合、振電相互作用はゼロあるいは小さな値を取ることとなり、振電相互作用は弱いということが結論できる。それに対し、差電子密度、あるいは重なり密度が結合上に分布しているような場合（図1(c)）、このようなキャンセルは起こらず（図1(d)）、大きな振電相互作用を与えるということになる。差電子密度／重なり密度の局所的な分布が振電相互作用の大きさを支配する。

2. キャリア輸送材料への応用

2.1 正孔輸送材料の解析

　正孔輸送材料として知られているTPD（図2）に対して、振電相互作用密度解析を適用した[4]。振電相互作用密度は、窒素原子上で大きな値をとる。

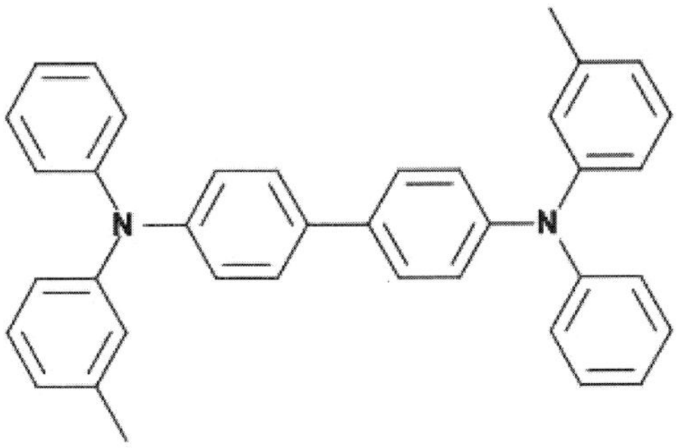

図2　正孔輸送材料TPD

　この分布は、窒素原子の周りで対称的な分布であり、絶対値を同じくし符号を異にするような分布となっている。このため、窒素原子上の振電相互作用密度は、積分するとキャンセルし、正味の振電相互作用には影響しない。振電相互作用は、主としてフェニル基上の振電相互作用密度から生じている。このような振電相互作用密度の分布は、差電子密度が窒素原子上に対称的に局在していることに起因している。

2.2　電子輸送材料の解析

　電子輸送材料として知られているAlq$_3$（図3(a)）並びに3TPYMB（図3(b)）に対して同様に振電相互作用密度解析を行った[5]。

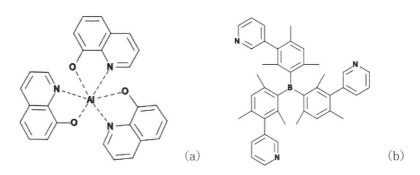

図3　電子輸送材料(a)Alq$_3$、(b)3TPYMB

　Alq$_3$においては、振電相互作用密度は主としてその配位子に局在しており、アルミニウム原子上にはほとんど分布していない。配位子上の振電相互作用密度は結合上に広がっており、積分すると大きな振電相互作用定数を与える。一方、3TPYMBにおいては中心のホウ素原子上に振電相互作用密度が局在しており、正孔輸送材料TPDの窒素原子上のそれと同様にその分布は対称的なものであり、振電相互作用密度はホウ素原子上ではキャンセルする。このため、3TPYMBの振電相互作用はAlq$_3$と比べ小さく、電子移動度がAlq$_3$より高いということの一因となっていると考えられる。

2.3 電子輸送材料の設計

Alq$_3$と3TPYMBの解析結果に基づき、新規な電子輸送材料を設計した（図4）[5]。

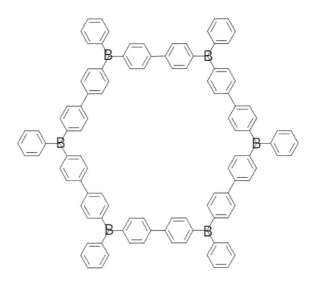

図4　設計した電子輸送材料

この分子は6回対称性を持ち、ホウ素原子上に差電子密度が対称的に局在し、そのため小さな振電相互作用を与えることが分かった。この計算結果に基づき、単一分子伝導のシミュレーションを分子振動によるキャリアの非弾性散乱を考慮した非平衡グリーン関数理論によって行った。その結果、I-V特性並びに消費電力で、新規設計した化合物において高い性能が期待できることが分かった。

3. 発光材料への応用
3.1 発光材料の解析

高い蛍光量子収率を実現するためには、振電相互作用を抑制し、遷移双極子モーメントを増大させることが望ましい。無置換のアントラセン（図5(a)）は蛍光量子収率が30%であり、9位を塩素に置換した一塩化物（図5(b)）は蛍光量子収率が11%、9,10位を塩素に置換した二塩化物アントラセン（図5(c)）においては蛍光量子収率が53%であるということが実験的に報告されている[6]。

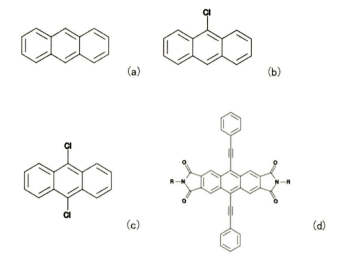

図5 アントラセン誘導体 (a) アントラセン、(b) 9-クロロアントラセン、(c) 9,10-ジクロロアントラセン、(d) 設計したアントラセン誘導体

　このアントラセン塩素化体を振電相互作用密度解析し、さらなる蛍光量子収率の向上を目指した分子設計指針を得て[7]、新規なアントラセン誘導体の設計を行った[8]。

　計算の結果、対角振電相互作用定数は、塩素化に伴って減少していることがわかった。塩素原子上に局在した分の差電子密度の分だけ、アントラセン骨格上の差電子密度が減少し、その結果、振電相互作用密度がアントラセン部位で減少することによって、振電相互作用の抑制が引き起こされているということが分かった。このアントラセンの左右の領域で、差電子密度が結合上に大きく広がっていることが振電相互作用の起源であるので、さらなる振電相互作用定数の抑制を目指すためには、アントラセンの左右のベンゼン間の結合上の差電子密度を減少させることが望ましい。

　非対角振電相互作用については、各モードごとの振電相互作用は、さほど変化が見られない。対応するモードについて振電相互作用密度解析を行った結果も、中央の6員環の9、10位の部分の差電子密度が、非対角振電相互作用密度の起源となっているという点で共通していた。一つ注意すべき点は、一置換体は対称性低下のために、振電相互作用活性な振動モードの数が無置換体・二置換体に比べほぼ2倍に増加していることである。このため、振電相互作用による無輻射失活のパスが2倍に増えている。このことが一置換体において、蛍光量子収率が減少している原因である。さらなる内部転換の抑制を目指すためには、アントラセンの9、10位の重なり密度を、減少させるような設計が望ましく、その際、アントラセンのD_{2h}の対称性を維持することが望ましい。

　遷移双極子モーメントは重なり密度に支配される。分子の離れた領域で重なり密度が存在することによって、大きな遷移双極子モーメントを与える。アントラセン塩素化体の場合、塩素化に伴い、遷移双極子モーメントは、塩素化に伴い増大する。遷移双極子モーメントを増大させて蛍光速度定数を向上させるためには大きくするためにはアントラセンの9、10位のところに重なり密度が広がるような置換基を付けることが望ましい。

3.2 発光材料の設計

図5(d)はここまでに得られた分子設計指針に基づいて新規に設計したアントラセン誘導体である[8]。差電子密度を減少させるためにアントラセンの左右の6員環にイミド基を縮環して導入している。また9、10位の重なり密度を減少させるためにフェニルエチニル基を導入している。三重結合を介して置換基導入している理由は対称性をD_{2h}に維持するためである。この置換基導入によりz軸方向に、すなわち紙面上下方向に、重なり密度が広がり、遷移双極子モーメントが増大するということが期待できる。この分子の振電相互作用定数を計算し、また遷移双極子モーメントを計算し、アントラセンの蛍光量子収率の向上が期待できることが判明したため、合成し光物理特性の評価を行った。測定された蛍光量子収率は96%であり、合理的な設計指針に基づきスクリーニングなしのピンポイント分子設計により蛍光量子収率の向上が実現できた。また、この分子の蛍光スペクトルと吸収スペクトルについて、振電相互作用を考慮してスペクトル線形のシミュレーションを行った。計算の結果、スペクトル線形はよく再現され、20番目の振動モードと192番目の振動モードがショルダーピークの形成に寄与しているということも分かった。このように振電相互作用密度解析は吸収／発光スペクトルの線形の解析・制御にも有効であり、望ましくないショルダーピークを小さくしたり、発光の色純度を向上させたりすることができる。

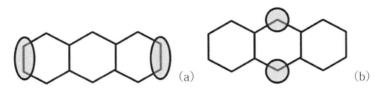

図6　アントラセンのS1状態において (a) 対角振電相互作用密度が分布している領域
(b) 非対角振電相互作用密度が分布している領域

4. 非フラーレン系有機薄膜太陽電池材料への応用：電荷生成機構

有機薄膜太陽電池材料として知られているITIC（図7）において、光励起直後の電荷生成の機構について、振電相互作用の観点から解析を行った[9]。

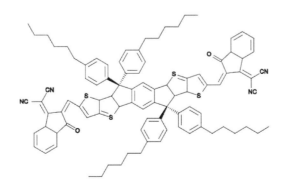

図7　非フラーレン系有機薄膜太陽電池材料ITIC

解析の結果、振電相互作用活性なITIC分子内の結合の伸縮振動モードが2分子間で非対称な振動であることに起因して非対称な分子変形による振動緩和が起こり、この対称性低下に伴って2分子間で電荷分離が生じ、2分子間で正孔と電子が生成するということが明らかになった。このような対称性低下はいわゆる擬ヤーン・テラー効果として知られており、このメカニズムでは電荷生成自体にエネルギーオフセットは必要でなく、ドナー－アクセプター界面に限らずITIC層中で光励起によって2分子間の自発的な対称性の破れが起これば電荷分離が生じる。

5. 反応性指標としての応用

　振電相互作用密度理論は、化学反応のいわゆる領域選択性を説明するための化学反応性指標としても用いることができる[10]。従来、フロンティア軌道理論がそのような理論として知られていたが、例えばフラーレンのディールス－アルダー反応において、フロンティア軌道理論はその予測ができない。C_{60}のディールス－アルダー反応は、6員環と6員環の間の炭素—炭素結合において起こるということが、実験と理論計算の両方から知られている。しかし、フロンティア軌道密度は、すべての炭素原子位置において等しくなり、このような反応の領域選択性を説明することができない。しかし、フロンティア軌道密度ではなく、振電相互作用密度を見ることで、C_{60}の6員環と6員環の間の炭素—炭素結合で、振電相互作用密度が局在しているということが、計算の結果、わかった。このC_{60}における振電相互作用密度の分布は、エチレンのそれとよく似ており、そのような局在した振電相互作用密度を与える箇所が、C_{60}には6か所存在する。その内訳は、1つの電子状態に対して、2つのエチレンと同様の分布を持ち、LUMO準位が三重縮退していることにより、合計6個のエチレンと等価な振電相互作用密度分布となる。その場所は、実験的に6付加体が得られている位置と一致している。同様の解析は、励起状態やイオン化状態にも適用することが可能であり、有機エレクトロニクス材料において生じる劣化反応を解析し、機能を維持したまま、劣化を抑制する設計も可能である。

参考文献

1) T. Sato, K. Tokunaga, and K. Tanaka, J. Phys. Chem. A, 112, 758(2008)
2) M. Uejima, T. Sato, D. Yokoyama, K. Tanaka, and J.-W. Park, Phys. Chem. Chem. Phys.,16, 14244(2014).
3) T. Kato, N. Haruta, T. Sato, Vibronic Coupling Density, Springer（2021）.
4) T. Sato, K. Shizu, T. Kuga, K. Tanaka, H. Kaji, Chem. Phys. Lett., 458, 152(2008).
5) K. Shizu, T. Sato, K. Tanaka, and H. Kaji, Appl. Phys. Lett., 97, 142111(2010).
6) S. Ateş and A. Yildiz, J. Chem. Soc. Faraday Trans. I, 79, 853(1983).
7) M. Uejima, T. Sato, K. Tanaka, and H. Kaji, Chem. Phys., 430, 47(2014).

8) M. Uejima, T. Sato, M. Detani, A. Wakamiya, F. Suzuki, H. Suzuki, T. Fukushima, K. Tanaka, Y. Murata, C. Adachi, and H. Kaji, Chem. Phys. Lett. 602, 80-83 (2014).
9) T. Zaima, W. Ota, N. Haruta, M. Uejima, H. Ohkita, T. Sato, J. Phys. Chem. Lett. 96, 582 (2023).
10) T. Sato, N. Iwahara, N. Haruta, K. Tanaka, Chem. Phys. Lett., 531, 257 (2012).

第2章

有機薄膜太陽電池の構成材料・封止・バリア

第2章　有機薄膜太陽電池の構成材料・封止・バリア

第1節　有機薄膜太陽電池の事業動向と材料・構成部材の高性能化

有機デバイスコンサルティング　向殿　充浩

はじめに

　地球環境、CO_2削減の問題とも相まって再生可能エネルギーの重要性が高まる中、有機薄膜太陽電池（OPV：Organic Photo-Voltaic）、ペロブスカイト太陽電池（PSC：Perovskite Solar Cell）、色素増感太陽電池（DSC：Dye-sensitized Solar Cell）などの有機太陽電池は次世代太陽電池として期待されている。

　有機太陽電池は、従来の単結晶Si太陽電池などの無機系太陽電池と異なり、低温プロセス・塗布プロセスでの作製が可能、フレキシブル化・薄型軽量化・透明化が可能、低照度環境下での発電が可能などの特長がある。これらの特長を活かして、従来設置が困難だった窓や壁などへの設置、屋内IT機器への活用などが可能であり、太陽電池の利用範囲を大きく広げることが期待されている。近年、有機太陽電池のエネルギー変換効率（発電効率）が実用レベルに近づいてきたことと相まって、有機太陽電池の事業化取り組みが活発化しつつある。富士経済の調査レポートによれば、2035年にペロブスカイト太陽電池（PSC）が7,200億円、色素増感太陽電池（DSC）が350億円、有機薄膜太陽電池（OPV）が750億円という市場規模が予測されている[1]。

　本稿では、有機太陽電池の1つである有機薄膜太陽電池（OPV）の事業動向と有機薄膜太陽電池（OPV）に用いる材料・構成部材の高機能化について紹介する。

1. 有機薄膜太陽電池（OPV）の事業動向

　有機薄膜太陽電池のエネルギー変換効率（PCE：Power Conversion Efficiency）は、2010年頃までは10％程度であったが、2010年代の中頃から、非フラーレン系アクセプタ（NFA：Non-Fullerene Acceptor）の活用などにより着実に向上し、現在20％に達している（図1）。エネルギー変換効率の向上に伴い、2010年代後半から事業化取り組みが活発化してきている（表1）。

第2章　有機薄膜太陽電池の構成材料・封止・バリア

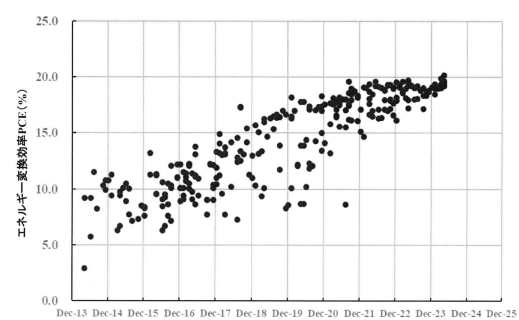

図1　有機薄膜太陽電池（OPV）のエネルギー変換効率（PCE）推移
（京都大学 有機太陽電池研究コンソーシアム 会員ニュースに基づき作成）

表1　有機薄膜太陽電池（OPV）の主な事業動向

Heliatek （ドイツ）	・R2R真空成膜法でOPVを作製 ・2022年後半に量産開始（生産量：年間約60万m^2） ・Looopが日本国内で独占販売	
Dracula （フランス）	・低照度環境下で用いるOPV（インクジェットデジタル印刷） ・OPV最大規模の工場を建設（2024年生産開始予定） 　年間最大 15,000m^2 の OPV モジュール	
Epishine （スウェーデン）	・屋内低電力アプリケーション向けミニOPVモジュールを開発 ・発電効率：15%（500lx） ・新工場を建設（50×50mmのOPVを年間1億個生産可能）	
ARMOR （フランス）	・低照度での高変換効率のOPVを開発 ・発電効率：26%（1,000lux） ・IoT分野での応用がターゲット	
MORESCO （日本）	・R2R法を用いた塗布型OPVを開発、事業化 ・32cm幅OPVなどを販売	
リコー （日本）	・室内光～10,000lxで高変換効率のOPVを目指す ・2023年度に生産開始予定	
東洋紡 （日本）	・室内光下で高変換効率のOPV材料を開発 ・発電効率：25%（220lx）	
家教授 （大阪大学）	・農業用ハウスに向けた波長選択型有機薄膜太陽電池を開発 ・NEDOプロジェクト、JSTプロジェクトなど	

有機薄膜太陽電池の事業化取り組みは大きく3つに分かれる。1つ目は、太陽光下での発電を志向する方向であり、Heliatek（ドイツ）、MORESCO（日本）などが取り組んでいる。2つ目は低照度環境下での発電に適した有機薄膜太陽電池を目指す方向であり、Dracula Technologies（フランス）、ARMOR（フランス）、Epishine（スウェーデン）、リコー（日本）、東洋紡（日本）などが取り組んでいる。これは室内光などの低照度光で有機薄膜太陽電池が効率良く発電できる特長を活かした使い方であり、オフィスや工場等の室内光での発電をセンサーや無線通信に利用するなど、配線や電池交換が不要な機器への応用を目指すものである。3つ目は、大阪大学の家教授などが取り組んでいる農業用途有機薄膜太陽電池であり、植物に不要な光で発電し、植物に必要な光は透過させることにより、農業と太陽光発電とを両立させる取り組みである。

　ヨーロッパでは有機薄膜太陽電池の事業化取り組みが活発であり、Heliatek（ドイツ）、Dracula Technologies（フランス）、ARMOR（フランス）、Epishine（スウェーデン）などがOPV事業を手がけている。

　Heliatekは2006年にドレスデン工科大学とウルム大学から独立して設立されたベンチャー企業であり、ロールtoロール（R2R）方式による真空成膜でフレキシブル有機薄膜太陽電池を事業化している。2023年には、Samsungの先端技術研究所の建物の壁に、総面積621 m^2、発電容量37.7 kWpのフレキシブル有機薄膜太陽電池を設置している[2]。Heliatekの有機薄膜太陽電池は日本ではLoopが独占販売している[3,4]。

　Dracula Technologiesは2012年に設立されたフランスの企業で、低照度環境下用の有機薄膜太陽電池を開発している。インクジェット方式を用いた工場を建設し、2024年生産開始を公表している[5]。

　スウェーデンのベンチャー企業であるEpishineも、低照度環境下用の有機薄膜太陽電池に取り組んでいる。サイズ50×50 mm〜50×20 mm、厚さ0.2 mmのデバイスで15％弱のエネルギー変換効率（500 lx下）を達成している。2023年11月には、50×50 mmのOPVを年間1億個生産できるロールtoロール（R2R）方式の新工場を発表している[6]。

　フランスのARMORも低照度環境下で、エネルギー変換効率26％（1,000 lx下）のOPVを発表している[7]。

　日本では、MORESCOがロールtoロール（R2R）方式による塗布型フレキシブル半透明有機薄膜太陽電池の事業を展開している。ロールtoロール製造技術は、山形大学有機エレクトロニクスイノベーションセンター（INOEL）のフレキシブル基盤技術研究グループ（仲田／古川／結城／向殿研究グループ）及び株式会社イデアルスターとの共同研究で、幅30 cm基板を用いたロールtoロール印刷装置を用いて開発された（図2）[8,9]。MORESCOはさまざまなサイズ、色の製品を準備して事業展開を活発化させている。

第2章　有機薄膜太陽電池の構成材料・封止・バリア

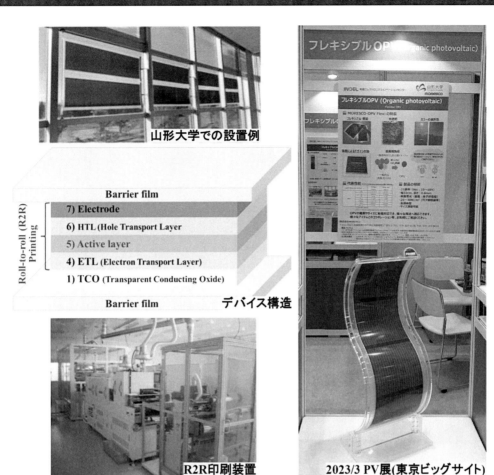

図2　山形大学有機エレクトロニクスイノベーションセンター（INOEL）の
フレキブル基盤技術研究グループ（仲田／古川／結城／向殿研究グループ）との
共同研究で開発されたMORESCO製OPV

　リコーは低照度環境下用の有機薄膜太陽電池に取り組んでいる。九州大学の安田研究室との共同研究の成果を活かした独自の有機半導体材料を用いて、エネルギー変換効率約11％（室内光〜10,000 lx）の有機薄膜太陽電池を発表し、事業化に向けた取り組みを進めている[10]。

　東洋紡は低照度環境下用の有機薄膜太陽電池材料を開発しており、220 lxのネオン光源下で、約25％のエネルギー変換効率を達成している[11]。

　有機薄膜太陽電池の農業用途への展開では、大阪大学の家教授が中心のプロジェクトに、公立諏訪東京理科大学（渡邊教授など）、大阪公立大学などが参画して開発が進んでいる[12]。このプロジェクトでは緑色波長選択アクセプタを開発し、安価なP3HTと組み合わせたメートルスケールの半透明フレキシブル有機薄膜太陽電池モジュールが開発されている（図3）。この技術を用いた農作物評価、近赤外波長選択型の有機薄膜太陽電池開発も平行して進められている。

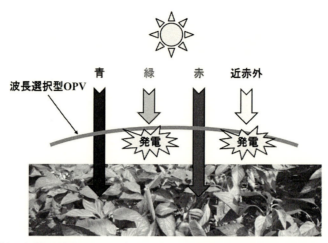

図3 家教授（大阪大学）が中心となったプロジェクトで開発中の農業用途波長選択型OPVのコンセプト

2. 有機薄膜太陽電池（OPV）の材料・構成部材の高性能化

有機薄膜太陽電池の事業競争力の源泉となる薄くて軽いフレキシブルな有機薄膜太陽電池を実現するためにはさまざまな材料・構成部材が必要となる。

薄くて軽いデバイスを実現するためにはフレキシブルな基板が必要であり、そのようなフレキシブル基板を用いたデバイスでの信頼性を確保するためのガスバリア技術、封止技術も必要となる。また、フレキシブル有機薄膜太陽電池の低コスト化に向けて透明電極技術も重要である。

2.1 フレキシブル基板

フレキシブル有機薄膜太陽電池の基板には通常、フィルムが用いられているが、他の候補として超薄板ガラス（UTG：Ultra Thin Glass）、ステンレス箔などがある（表2）。

表2 有機エレクトロニクスデバイス用の主なフレキシブル基板

	ガラス	ステンレス箔	ガスバリアフィルム
比重	〜2.5	〜7.8	〜1.4
耐熱性	高い	高い	低い
表面平滑性	◎	×	×
ハンドリング	割れやすい	コシがある	R2R実績あり
伸び縮み	小	小	大
ガスバリア性	◎	◎	×
その他		導電性が課題	

超薄板ガラスは厚さ50μmなどのフレキシブルなガラスで、ガスバリア性はほぼ完璧である。デバイスを作製するために必要な表面平坦性、耐熱性、化学的安定性などにも優れている。山形大学の古川らは、ロールtoロール方式で超薄板ガラス上にITOなどの透明電極膜をパターン形成する技術を開

発し、有機ELデバイスに適用している[13]。米スタートアップ企業のEnergy Materials Corporation（EMC）は、フィルムだけでなく超薄板ガラスにも対応したロールtoロール（R2R）印刷型フレキシブルペロブスカイト太陽電池の製造ラインを構築している[14]。

ステンレス箔はガスバリア性がほぼ完璧であり、耐熱性、化学的安定性にも優れているが、表面平坦性に課題があった。日本製鉄グループと山形大学は、ゾルゲル材料によって表面平坦化した厚さ50μmのステンレス箔が有機エレクトロニクスデバイスに適用できることを共同研究によって実証している[15]。

フィルムはフレキシブルデバイスに頻繁に用いられるフレキシブル基板であり、ロールtoロールプロセスへの適合性も良いが、耐熱性、表面平坦性、ガスバリア性などに課題がある。有機薄膜太陽電池はデバイスの信頼性確保のためにガスバリア性が必要であり、ガスバリア層を形成する必要がある。

2.2 ガスバリア技術

有機太陽電池の信頼性が確保するためには、WVTR（Water Vapor Transmission Rate）で10^{-3}〜10^{-4} g/m^2/dayのガスバリア性が必要と言われている。このWVTRの値は有機ELほど厳しくはないが、通常の食品、医薬品、電子部品などより数桁高いバリア性が必要となる（図4）。いくつかの具体的なガスバリア技術を紹介する。

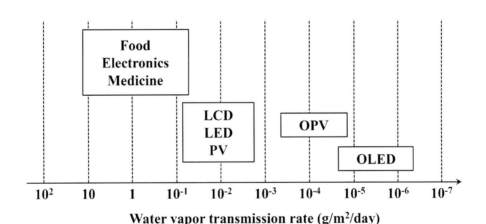

図4　各用途で必要なガスバリア性

2.2.1　スパッタ／ALD／スパッタ積層ガスバリア膜

スパッタ法はSi_3N_4、SiO_2などのガスバリア膜を生産性良く成膜できる技術であるが、欠陥やピンホールが少なくない。このため、スパッタ法で成膜した無機膜単膜で10^{-3} g/m^2/day以下のガスバリア性を得るのは簡単ではない。一方、ALD（Atomic Layer Deposition）法は気相での化学反応を利用して被覆性の良い緻密な膜を形成する成膜法であるが、生産性が必ずしも高くないので、厚い膜を形成することは好ましくない。これらの背景から、生産性の良いスパッタ法で成膜したSi_3N_4と被覆性

の良いALD法で成膜したAl$_2$O$_3$膜を交互積層したガスバリア膜を開発した[16]。

フレキシブル基板として倉敷紡績株式会社製の厚さ50μmのEXPEEK®フィルムを用い、この上にガスバリア層を形成し、Ca腐食法によってガスバリア性を評価した（図5）。スパッタ法による厚さ100 nmのSi$_3$N$_4$膜（図5(b)）、ALD法による膜厚90 nmのAl$_2$O$_3$膜（図5(c)）では10^{-3} g/m^2/day以上のWVTRしか得られていないのに対し、スパッタ法によるSi$_3$N$_4$膜とALD法によるAl$_2$O$_3$膜を3層交互積層したガスバリア膜（図5(d)）では10^{-5} g/m^2/day台のWVTRが得られている。スパッタ法で成膜した1層目のSi$_3$N$_4$膜の欠陥やピンホールをALD法で成膜した2層目のAl$_2$O$_3$膜がカバーし、その上にスパッタ法で成膜した3層目のSi$_3$N$_4$膜を形成することで高いバリア性が得られたものと推察できる。

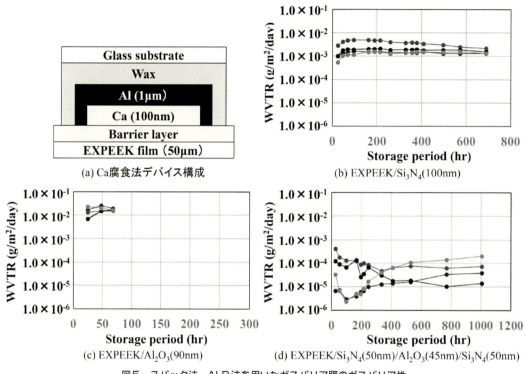

図5　スパッタ法、ALD法を用いたガスバリア膜のガスバリア性
(a) Ca腐食法デバイス構成　(b-d) 各条件4サンプルで40℃/90% RH保存試験評価

2.2.2　無機／有機交互積層ガスバリア膜

高いガスバリア性を得るためにしばしば用いられる手法に無機／有機交互積層ガスバリア膜がある。これは欠陥やピンホールのある無機膜に有機膜を塗布形成することで欠陥やピンホールを埋め、その上に無機膜を形成することによってバリア性を高める手法で、迷路効果モデル（Tortuous Pass Model）で説明されている（図6）。

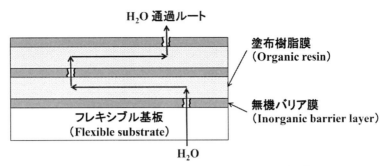

図6　無機／有機交互積層ガスバリア膜における迷路効果

　無機／有機交互積層ガスバリア膜の例を図7に示す。これは、スパッタ法によるSi$_3$N$_4$膜と塗布有機膜の交互積層ガスバリア膜をCa腐食法（図5(a)）で評価したものである。有機膜としては、トーヨーケム株式会社製「UV-IJ樹脂インキ」開発品とリファレンス樹脂とを用いた。いずれの樹脂の場合も10^{-4} g/m^2/day台以下のWVTRが得られており、有機／無機交互積層膜の効果を確認できる。さらに、興味深い点は、2つの樹脂で1桁程度WVTRが異なる点であり、この結果は無機膜に挟まれた有機膜の性質がガスバリア性に大きな影響を与えることを示している。

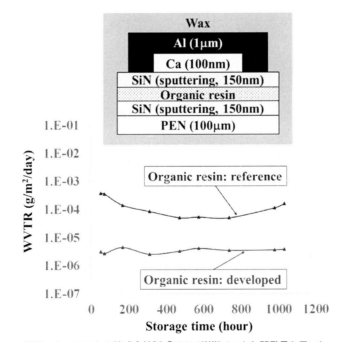

図7　トーヨーケム株式会社製「UV-IJ樹脂インキ」開発品を用いた
無機／有機／無機積層ガスバリア膜のCa腐食法40℃/90% RH保存試験評価

2.2.3　ロールtoロールCVD法によるガスバリア膜

フレキシブル有機薄膜太陽電池はロールtoロール法での製造が基本であるため、ロールtoロール法でガスバリアフィルムを作製することが求められる。SiOx、SiNxなどの緻密なガスバリア層を形成できるCVD（Chemical Vapor Deposition）法を用いてロールtoロールプロセスでフレキシブルフィルム上にガスバリア層を形成する技術[17]を紹介する。

ロールtoロールCVD装置としては、神戸製鋼所製ロールtoロール真空成膜装置[18]を用い、フレキシブル基板には、帝人製PEN（polyethylene naphthalate）フィルムを用いた。プレカーサーとしてHMDSO（hexamethyldisiloxane）を用い、PEN基板上にSiOx膜を厚さ800 nm形成することで10^{-6} g/m^2/day台のWVTR値が得られた（図8）。この実験では、SiOx膜の上にIZO（Indium Zinc Oxide）透明導電膜を形成したサンプルのガスバリア性も評価し、WVTR値が1桁程度の場合、悪化することも確認した。これはIZO膜によるメカニカルストレスのためガスバリア膜に欠陥が生じたためと考えられ、実デバイス作製上での有益な知見である。

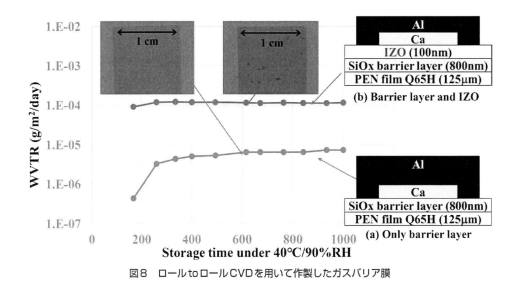

図8　ロールtoロールCVDを用いて作製したガスバリア膜

2.3　封止技術

フレキシブル有機薄膜太陽電池の信頼性を確保するためにはフレキシブル封止技術が必要である。有機エレクトロニクスデバイスに用いられる代表的なフレキシブル封止技術を図9に示す。

ダム・フィル封止（図9(a)）は、対向のフレキシブル基板と外周部のダム剤を用いて封止し、内部にフィル剤を充填する方法である。対向フレキシブル基板にダム剤形成した後、フィル剤を充填し、有機エレクトロニクスデバイスと貼り合わせる手法などが用いられる。2枚のフレキシブル基板にはガスバリア性が必要である。

TFE（Thin Film Encapsulation）（図9(b)）は、薄い薄膜で封止する手法である。CVD（Chemical Vapor Deposition）で形成したSiNx、SiOxなどの無機膜と塗布型樹脂との交互積層を用いたTFEは、

スマートフォンに用いられる有機ELディスプレイにおけるもっともスタンダードな封止法となっている。フレキシブル基板にはガスバリア性が必要である。

パウチ封止（図9(c)）は、作製した有機エレクトロニクスデバイスを、ガスバリア性を有する2枚のフレキシブル基板でバリア樹脂を介してパウチする手法である。有機エレクトロニクスデバイスを作製するフレキシブル基板には必ずしもガスガリア性は必要なく、簡便な手法で作製できるため、現在のフレキシブル有機太陽電池の製造でしばしば用いられている。

ラミネート封止（図9(d)）は、封止樹脂が形成された対向フレキシブル基板でラミネートする手法である。2枚のフレキシブル基板にはガスバリア性が必要である。パウチ封止が3枚のフレキシブル基板を必要とするのに対して、ラミネート封止は2枚のフレキシブル基板で、かつシンプルなプロセスで形成できるため、今後の技術進展が期待される。

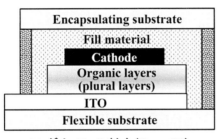
(a) ダム・フィル封止（Dam-fill）

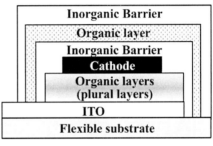
(b) TFE (Thin Film Encapsulation)

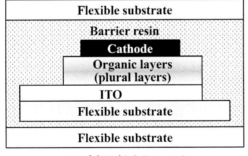
(c) パウチ封止（Pouch）

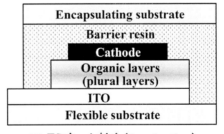
(d) ラミネート封止（Laminating）

図9　有機エレクトロニクスデバイスにおける代表的なフレキシブル封止技術

2.4　透明電極技術

フレキシブル有機薄膜太陽電池において通常用いられる透明電極はITO（Indium Thin Oxide）であるが、ITOは2つの課題を有している。

第1の課題はコストである。Inは地殻内存在量の少ない希少金属であることに加えて、通常のITOの成膜、パターンニングにはスパッタなどの真空成膜とフォトリソグラフィプロセスが必要であり、これらがコスト高の要因となっている。

第2の課題はフレキシブル適合性である。ITOはメカニカルストレスの強い材料であり、曲げ耐性などに課題がある。ITOの抵抗値を下げるためには通常200℃以上の高温プロセスが有効であるが、フレキシブルフィルムの耐熱性と相反する場合が少なくない。

これらの課題を踏まえて、新しい透明電極技術を研究してきたので、そのいくつかを紹介する。

2.4.1　ロールtoロール法によるフォトリソフリー透明導電膜形成技術

ロール状のフレキシブル基板上にロールtoロール方式でITO等の透明導電膜を形成する技術を開発した[19]。この技術では、従来のフォトリソグラフィーを使用しないフォトリソグラフィーフリープロセスを用いている。

図10に基本プロセスフローを示す。ロール状のフレキシブル基板をロールtoロールウェット洗浄装置で洗浄後、ロールtoロール真空成膜装置でTCO（Transparent Conducting Oxide）をスパッタ成膜する。TCOはITO、IZO（Indium Zinc Oxide）など導電性金属酸化物の総称である。次に、再びロールtoロールウェット洗浄装置で洗浄し、ロールtoロールスクリーン印刷装置でエッチングペーストを印刷する。この基板を150〜170℃に加熱することにより、エッチングペーストが印刷された部分のTCOがエッチングされる。この状態ではエッチングされた部分もそのまま基板に残っており、室温まで降温して巻き取ることができる。最後に、ロールtoロールウェット洗浄装置で洗浄処理すると、エッチングされたTCOとエッチングペーストが洗い流され、パターン化されたTCO膜が出来上がる。この基板をカッティングし、アニール処理などを行ってフレキシブル有機EL、フレキシブル有機太陽電池などのデバイスが作製できる。

このプロセスでは従来のフォトリソグラフィーを用いることなくロールtoロール方式でTCO膜を成膜、パターン形成でき、生産性向上に寄与できる。パターンニング精度は50〜60μm程度であり、高精細ディスプレイなどには不向きだが、有機太陽電池などでの粗いパターン形成には有効である。

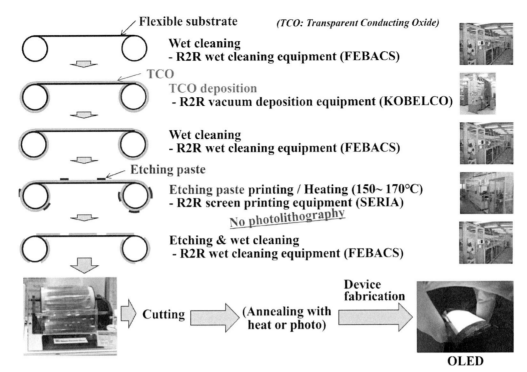

図10　ロールtoロール法を用いたフォトリソフリー透明導電膜形成技術

2.4.2　透明導電ポリマー

透明導電ポリマーはウェットプロセスで成膜でき、有機EL、有機太陽電池などに使用できる。透明導電ポリマーを有機ELに適用した例を図11に示す[20]。図11ではITOを電極に用いた場合との比較データを掲載している。電圧－電流特性、電流－輝度特性、寿命特性ともITOを用いた場合とほぼ同等の性能が得られている。透明導電ポリマーを用いて、ITOを用いることなくデバイスを作製できることが実証できた。

ただ、透明導電ポリマーは導電率が低いため、透明導電ポリマーだけで大面積デバイスの電極として用いることはできない。このため、別の補助配線が必要となる。図12は、透明導電ポリマーと補助配線をロールtoロール印刷法で形成した基板を用いて作製した有機ELの例である[21]。まず、基板上に銀ペーストによる補助配線をロールtoロールグラビアオフセット印刷で形成し、次にロールtoロールフレキソグラフィ印刷で透明導電ポリマーを形成する。その後、デバイス作製時の上下電極間リークを防止する目的で、絶縁樹脂をロールtoロールスクリーン印刷で形成し、この基板を用いて有機ELデバイスを作製した。図12に示すように、配線の端部などでの発光不良も見られず、ほぼ均一な発光が得られている。

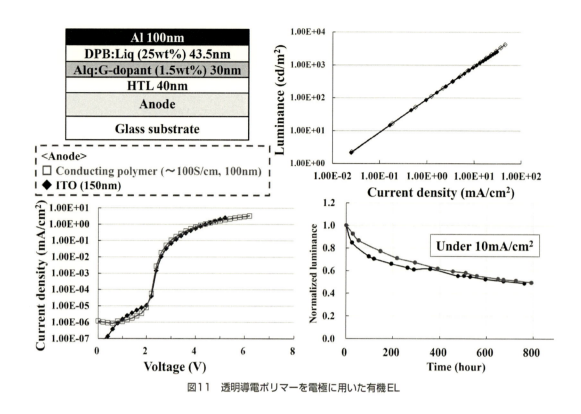

図11 透明導電ポリマーを電極に用いた有機EL

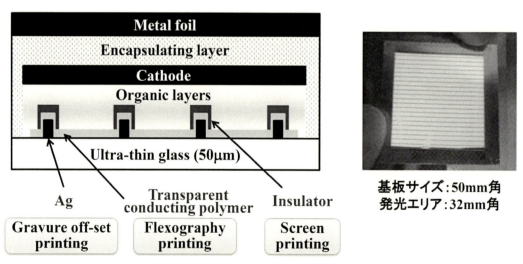

図12 印刷方式で作製したITOフリー透明導電膜を用いた有機EL

2.4.3 銀ナノワイヤー（AgNW）

　銀ナノワイヤーはITOと同程度以上の導電率が可能な電極材料である。ただ、銀ナノワイヤーは有機エレクトロニクスデバイスに適用する場合、電荷注入の均一性に課題がある（図13）[22]。この課題の解決策の1つが銀ナノワイヤーと透明導電ポリマーの積層型電極である（図13）[22]。役割の異なる2つの電極の積層により、表示均一性の課題が解消され、透明導電ポリマーの課題である導電性の低さも解消される。図14に銀ナノワイヤーと透明導電ポリマーの積層型電極を用いた有機ELと通常のITO電極を用いた有機ELの特性比較を示す。銀ナノワイヤーと透明導電ポリマーの積層型電極を用いた有機ELはITOを用いた有機ELと同等の特性を示し、寿命特性についてはITOの場合よりも優れた結果が得られた。

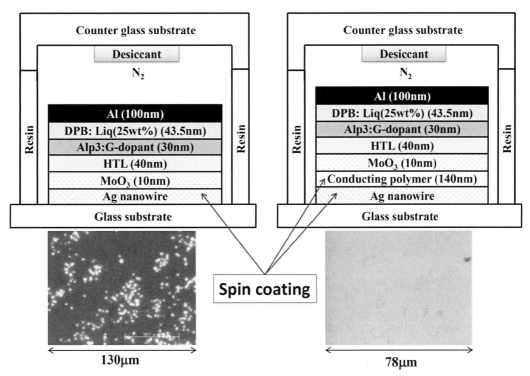

図13　銀ナノワイヤーを用いた有機ELデバイス

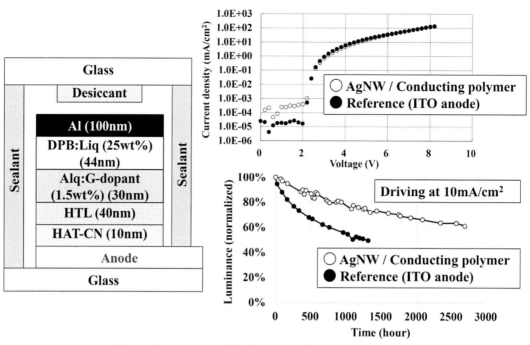

図14 銀ナノワイヤー/透明導電ポリマー積層電極を用いた有機EL

おわりに

　有機薄膜太陽電池（OPV）事業はまだ黎明期の状態であるが、20％まで達したエネルギー変換効率の向上、フレキシブル化に向けた部材技術、プロセス技術の進展などにより、今後の事業成長が見通せるレベルに達してきた。今後、さらなるエネルギー変換効率の向上と共に、フレキシブル性、透明性などを活かしたキラーアプリ事業の創出、ロールtoロール技術や印刷技術を用いた低コスト化が必要である。新しい部材、新プロセス技術などの開発に多いに大いに期待している。

参考文献

1) 富士経済、2022年版 新型・次世代太陽電池の開発動向と市場の将来展望（2022）
2) Heliatek, News, 3 August 2023
3) 株式会社Looop、プレスリリース、2022年8月26日
4) Heliatek, News, 26 August 2022
5) Dracula, Technologies News, 17 October 2023
6) Epishine, News, 12 November 2023
7) ARMOR Press release, 19 October 2020

8) 山形大学、プレスリリース、2019年11月6日
9) 株式会社MORESCO、プレスリリース、2019年11月6日
10) 株式会社リコー、ニュースリリース、2021年8月18日
11) 東洋紡株式会社、ニュースリリース、2020年3月23日
12) 家裕隆、JST未来社会創造事業、新技術説明会、2023年5月12日
13) T. Furukawa, M. Koden, IEICE Trans. Electron, E100-C, 949-954(2017)
14) W. Driscoll, pv magazine, 18 November 2020
15) Y. Hagiwara, T. Furukawa, T. Yuki, S. Yamaguchi, N. Yamada, J. Nakatsuka, M. Koden, H. Nakada, Proc. of IDW'17, FLXp1-9L(2017)
16) T. Yuki, T. Nishikawa, M. Sugimoto, H. Nakada, M. Koden, ITE Trans. on MTA, 9(4), 216-221 (2021).
17) K. Taira, T. Furukawa, N. Kawamura, M. Koden, T. Takahashi, IDW'17, FLXp1-8L(2017)
18) T. Okimoto, Y. Kurokawa, T, Segawa, H, Tamagaki, Proc. IDW'14, FLX5-2(2014)
19) T. Furukawa, M. Koden, IEICE Trans. Electron, E100-C, 949-954(2017).
20) M. Koden, H. Kobayashi, T. Moriya, N. Kawamura, T. Furukawa, H. Nakada, IDW'14, FLX6/FMC6-1(2014).
21) M. Koden, T. Furukawa, T. Yuki, H. Kobayashi, H. Nakada, IDW/AD'16, FLX3-1(2016).
22) M. Koden, The Twenty-second International Workshop on Active-matrix Flatpanel Displays and Devices(AM-FPD 15), 2-1(2015).

第2章　有機薄膜太陽電池の構成材料・封止・バリア
第2節　印刷や塗工が可能なウルトラ・ハイバリア膜の開発

山形大学　硯里　善幸

はじめに

　本稿では、太陽電池における基本的な機能である発電には直接関係ない「バリア技術」に関して紹介したい。有機薄膜太陽電池（OPV）に関わらず、広く有機エレクトロニクスデバイスが有する価値としてフレキシブル化のメリットを述べたのち、その達成に欠かせないバリア膜技術に関して紹介する。加えて、塗布成膜のアドバンテージを簡単に解説し、当研究室が達成したウェットプロセスによるウルトラ・ハイバリアの研究を紹介する。

1. 有機エレクトロニクスが有する価値

　最初にOPVを含め、広く有機エレクトロニクスデバイスが保有する価値について考察したい。各種デバイスにおいて特徴はあるが、それらは議論せず、ここでは一般論として有機エレクトロニクスの達成可能な価値に焦点を当てたい。誤解をおそれず、端的に言えば、①高生産性と、②フレキシビリティに集約されると筆者は考える。

① 生産性の高さは、ウェットプロセス（塗工・印刷）に由来するものである。従来の無機半導体では、真空成膜もしくはCZ法などによる溶融／単結晶化が必要である。ウェットプロセスによる成膜手法は従来の成膜法に比較すると圧倒的に生産性が高い。特に太陽電池やディスプレイなどの面積が必要なデバイスにおいては、面積当たりの成膜時間は、生産性に大きく関わるため、ウェットプロセスによる高生産性という特徴は非常に重要である。したがって、次世代太陽電池において、ウェットプロセス化は必須であると考えられOPVはその有力候補となっている。このようにウェットプロセスは高生産性による低コスト化にフォーカスされることが多い。一方で筆者は、ウェットプロセスにより生産時の投下エネルギーを削減可能（低炭素プロセス）であることも重要な特徴と考えている。太陽電池におけるエネルギーペイバックタイム（EPT）やCO_2ペイバックタイムを短くすることは、総合的に次世代太陽電池を評価する上で重要な観点である。

② フレキシビリティであるが、「フレキシビリティ」という言葉は多くの価値を内包している。屈曲・軽量・安全などである。OPVにおいて、それぞれの価値を考える。基材として樹脂フィルムなどの可撓性基材を用いることで、設置の柔軟性が向上する。平坦でない部分への設置を可能とするだけなく、ロール状OPVを広げながら設置できるため設置作業の容易化にも寄与すると考えられる。次に軽量性であるが、例えば基材として樹脂フィルムを用いることで大幅な軽量化が可能である。耐荷重の小さな場所への設置（例えば壁面等）への設置が可能である。3つ目に安全性であるが、同様に樹脂フィルムを基材として用いれば、仮に屋外に設置したOPVパネルが突風などで飛ばされたとしても樹脂フィルムベースであるため、人に対して安全性が高い。またガラス基板のように割れることがないことも安全性の観点から重要である。

またOPVでは、低温プロセスによりデバイスを形成できることも重要な特徴である。低温プロセスが可能であることから、PETのような一般的な樹脂フィルムを用いることが可能である上に、高生産性、低炭素プロセスにも低温プロセスは有利である。また、樹脂フィルムを用いることで、ロール to ロールプロセスでの製造が可能となる。ここでOPV機能層は基材に対して全面塗工ではないため工夫は必要であるものの、スリットコートや間欠塗布などを組み合わせることで、高生産な製造方法を達成することが可能であると考える。

　これらのことから、次世代太陽電池として、樹脂フィルム上に高スループットなウェットプロセスにて製造されることが理想的には望まれるが、OPVに限らず半導体においては、水蒸気や酸素からの保護が必要である。水蒸気や酸素により半導体層や金属界面が劣化するためである。分野において、封止（Encapsulation）、保護層（Passivation layer）、バリア層（Barrier layer）など、その呼称や技術は異なる。例えばOPVデバイスをガラス基板で達成する場合、水蒸気・酸素からの保護は容易である。ガラス基板は水蒸気や酸素のガス透過がゼロであるためである。例えばキャップ封止（図1左）のような封止構造を用いる場合、基板とキャップを接着する接着剤からのみ水蒸気侵入があるため、中空構造内部に吸湿材を配置することで、内部の環境を保つことが可能である。一方で、樹脂フィルムを用いた場合には、状況が異なる。樹脂フィルムは水蒸気や酸素の透過性が高いためである。これを解決するためには、2つの方策が考えられる。一つは、水蒸気や酸素に耐久性の高いOPVデバイスを開発すること、もう一つはバリア層を設けることで水蒸気・酸素の侵入を防止することである。水蒸気や酸素に耐久性の高いOPVの研究は非常に重要である。しかしながら、現時点では達成されていない。加えて、無機半導体においても何らかのPassivation layerが施されていることが多いことから考えても、ある程度のバリア層（保護層）は将来的にも必要になると考えられる。

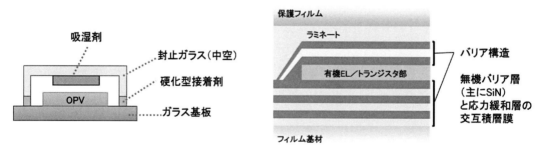

図1　ガラス基板を用いたOPVデバイスの封止構造（左）、フレキシブル有機ELディスプレイのバリア構造

2. バリア技術

　バリア技術は多くの産業で必要とされる重要な技術の一つである。産業用途としては、ガスや液体の遮断だけでなく、酸・塩基や金属イオン等の拡散防止、細菌などの侵入防止など、多くの目的で用いられる。ここでは特にOPVを含む有機エレクトロニクス分野において、特性劣化影響が大きい水蒸気のバリア性に関して述べる。フィルムの水蒸気のバリア性能（遮断性能）は、水蒸気透過度（WVTR:

Water Vapor Transmission Rate) で表される。単位から明らかなように単位時間（day）、単位面積あたり（m^2）に透過する水蒸気量（g）で表される単位（$g/m^2/day$）で表される。WVTRが小さいほど、対象のフィルムの水蒸気バリア性能が高いことを示している。図2に各用途に用いられる水蒸気透過度を示す。代表的なPETフィルムでは、$5\ g/m^2/day$程度（PETフィルム厚さ$100\ \mu m$）の水蒸気バリア性能である。これは高分子フィルムには自由体積が存在し、そこへ水分子が溶解し、加えて高分子の熱運動により、水分子が拡散するためであり、高いバリア性能を得ることは難しい。一般的に高いバリア性能は、緻密な無機膜により達成されている。菓子類の包装等に用いられるアルミニウム蒸着フィルムは、樹脂フィルム上にアルミニウム薄膜が蒸着により成膜されたバリアフィルムであるが、その水蒸気透過度WVTR～$0.1\ g/m^2/day$程度である。

有機エレクトロニクス分野では、さらに高いバリア性能が求められる。例えば、ディスプレイに用いられる有機EL（OLED）では、WVTRが少なくとも$10^{-5}\ g/m^2/day$オーダーのバリア性能が必要であるとされており[1]、アルミ蒸着フィルムと比較すると1万倍以上の高いバリア性能が必要である。これは1日あたり$1\ m^2$でわずか$0.00001\ g$（$0.01\ mg$）しか透過しないバリア性能である。OPVにおいては、そのデバイス構造や使用環境、耐用年数にも依存するため、はっきりとはわかっていないが、WVTRが少なくとも$10^{-3}\sim 10^{-4}\ g/m^2/day$オーダーは必要なのではないかと言われている。

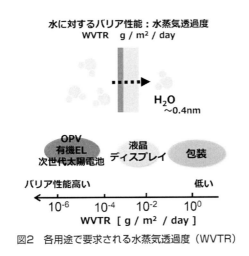

図2　各用途で要求される水蒸気透過度（WVTR）

フレキシブル有機ELディスプレイは、スマートフォンを中心にすでに実用化されている技術である。参考までにフレキシブル有機ELディスプレイの構造の概念図を図1右に示す。有機ELならびにそれを駆動するトランジスタ部は上下のバリア構造によって保護されている。上下のバリア構造は異なった構造となっているが、共通しているのは、緻密な窒化ケイ素（SiNx）膜が水蒸気バリア膜として働いており、バリア膜／応力緩和・平坦化層の交互積層構造になっている点である。SiNx膜は真空成膜法であるCVD（Chemical Vapor Deposition）法やスパッタ法によって成膜されている。これら真空成膜法によって形成された交互積層構造によるバリア構造は、WVTR＜$10^{-5}\ g/m^2/day$の非常に高いバリア性能がすでに報告されている[2,3]。

本稿では、10^{-4} g/m²/day以下のWVTRを達成するバリア構造（バリアフィルム）をウルトラ・ハイバリアと記述するが、ウルトラ・ハイバリアを達成するには非常に緻密な膜が必要である。ガスの透過モデルは複数存在するが[4]、ウルトラ・ハイバリアを達成するには、孔が存在しない溶解拡散モデルにおいて、ほとんど水分子が溶解しない緻密な膜を実現する必要がある。すなわち、水分子は4 Å（0.4 nm）程度の非常に小さな分子であるため、理想的には0.4 nmの自由体積がないような緻密な膜が求められる。

これらのことから、OPVのフレキシブル化には、上記フレキシブル有機ELディスプレイの技術を用いて、採用すれば良いように思えるが、実際には難しい。これはコスト的にディスプレイでは成立するものの、太陽電池パネルとしては見合わないためである。これは、真空成膜は非常に緻密な無機膜の形成には有利であるものの、成膜スピードが速くないことに由来している。

3. 真空成膜と塗布成膜

真空成膜や塗布成膜には多くの手法があるが、一般的な特徴として紹介する。またここでは、ウルトラ・ハイバリアを達成するために必要な無機膜について考える。真空成膜は材料の気化方法が異なるものの、基本的に基板などの対象物に対して目的物を逐次堆積しながら成膜するため、緻密な膜が得やすい手法である。成膜手法にも依存するが、真空成膜では新たな結合を形成しながら堆積するため、緻密膜を得やすい。その反面、生産性は必要な膜厚や成膜速度に大きく依存している。

一方で、塗布成膜は、目的物を溶解した塗布液を対象物に塗布、乾燥することで成膜する手法であるため、生産性は膜厚に依存しない。これが真空成膜とは大きく異なる点である。すなわち生産性は、塗布速度に依存している。一方で塗布後に溶媒分子が蒸発するため、真空成膜に比較して疎な膜になりやすい。特に無機膜を形成する場合には、溶媒に溶解できる前駆体から変換することが多い。その場合には、前駆体に脱離基が存在し、無機薄膜に変換される際に脱離基が脱離・揮発することから、さらに疎な膜となりやすい傾向にある。良く知られているゾルゲル法により得られた無機酸化膜も、金属イオンや条件にも依存するが、多孔質な膜になりやすい。

4. ウェットプロセス×光緻密化によるウルトラ・ハイバリア

これらのことから、理想的なウェットコート（ロールtoロール）によるフレキシブルOPVパネルの高生産性の達成には、OPVデバイスのみならず、バリア構造のウェットプロセス化も重要な課題である。当研究室では、溶解可能な前駆体を塗布成膜し、真空紫外光（VUV光）による光緻密化を利用することで、高いバリア性能を達成した。以下にその研究を紹介する。

塗布可能なSi-Nを主骨格としたポリシラザン（PHPS：Perhydropolysilazane）をプレカーサーとして、室温・窒素下においてVUV光を照射することで緻密なSiNxを得ることに成功した[5]（図3）。PHPSジブチルエーテル溶液（信越化学製）を用いており、本研究室ではスピンコート法にて成膜している。VUV光源としてエキシマランプ（$\lambda = 172$ nm）を用い、PHPSをコートした基板に室温・窒素下にてVUV照射することで、Si-H、N-H結合が光開裂することによりSi-N結合が新たに形成され、

結果的にSiNx膜が形成される。本反応が進行することはFT-IRなどの分析からわかっている[6]。この反応には3つの重要なポイントがある。1つ目は、本反応の脱離基が分子として最小の「水素」であるため、緻密化しやすい点である。2つ目は、PHPSは、水蒸気や酸素と反応しSiOxとなってしまう反応性ポリマーであるため[7]、VUV光照射は窒素下で行っている点である。ただし光反応であるため、加熱を行う必要がなく、室温プロセスである。3つ目は、VVUV光によってSi-N結合も開裂・再結合を起こし、原子再配置により緻密化が進行する点である[6]。

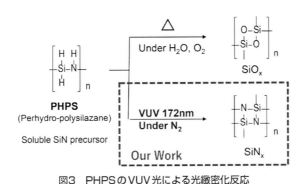

図3　PHPSのVUV光による光緻密化反応

VUV光照射時におけるPHPS膜の屈折率変化を図4に示す。屈折率は分光エリプソメトリーにより測定している。VUV光照射により膜表面のみの屈折率が上昇し、積算光量が増えるにつれて、高屈折率化していることがわかる。ここで膜の組成が大きく変化することは無いことから、屈折率の上昇は密度の上昇を意味していると考えている。膜表面のみが高屈折率化する理由は、PHPSの172 nmにおける高い吸光係数から説明することができる。PHPSの波長172 nmにおける吸光係数から、光の90％侵入長を算出すると約130 nm程度であるため、膜表面でVUV光を吸収し深さ方向150 nm前後しか光緻密化が進行しないと見積もられ、分光エリプソメトリーにて得られた結果と一致している。なお、分光エリプソメトリーでは、各層の屈折率・膜厚の精度を向上させるために表面SiO₂層を含めた4層モデルでフィッティングしているが、実際には光吸収により反応進行が起こるため、連続的に屈折率が変化していると推測している。また4層モデルでは各層での平均的な屈折率として算出されるため、表面層（例えばTop層）では更に高い屈折率が部分的に形成されている可能性が高い。

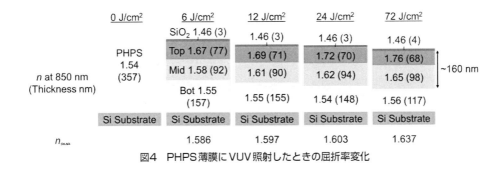

図4　PHPS薄膜にVUV照射したときの屈折率変化

VUV光の照射量が多いほど緻密でありバリア性能が高まると予想されるが、実際は照射量とバリア性能には最適点が存在する。図5にPHPS膜厚200 nmでのVUV照射量におけるWVTRの関係を示す。基材としてポリイミドフィルム（ゼノマックスジャパン社製）を用い、応力緩和・平坦化層としてPDMS（ポリジメチルシロキサン：信越化学製）を用いPIフィルム／PDMS／PHPSというバリア構造を作製した。WVTR測定はMORESCO製Super Detect（ガス・水蒸気透過度測定装置）を用いた。VUV光照射量が12 J/cm^{2}でWVTRが最小値$2×10^{-4}$ g/m^2/dayを示した[8]。なお測定条件はフィルムサンプル50×50 mm（測定エリア40 mmΦ）、40℃/90% RH条件である。この性能はウェットプロセスで得られるバリアの最高性能である。照射量が増えた72 J/cm^{2}では、バリア性能はかえって低下する。その理由は、クラックの発生があることを電子顕微鏡観察から確認している。すなわち本反応はSi-H、N-Hの光開裂により生成する水素が脱離するプロセスであるため、緻密化が進行しすぎることで、膜収縮によるクラックが発生しバリア性能の低下を引き起こしていることが明らかとなった。塗布可能な前駆体から緻密膜を得るためには脱離基は必要である。本研究における脱離基は「水素」であり、最小の脱離基では有るものの、緻密性とクラックがトレードオフになっている。クラック発生は塗布プロセスによるハイバリアにおける根本的な課題であると言える。

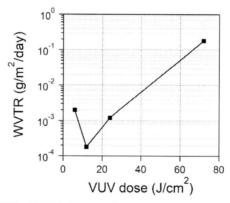

図5　PIフィルム／PDMS／PHPS（200 nm）におけるVUV光照射量による水蒸気透過度変化

　得られた最適照射量における条件で、バリア構造（PDMS／PHPS）を3ユニット形成した。予想通りWVTRはおよそ1/3である$5×10^{-5}$ g/m^2/dayを得た[8]。これはウェットプロセスで得られるバリアとして、世界最高性能であるだけでなく、高いバリア性能が必要な各種デバイスに用いることが可能な性能である。3ユニット形成時の断面TEM画像と、WVTRを図6に示す。VUV光照射時間は用いるエキシマランプ強度に依存する。例えば85 mW/cm^{2}の強度で光照射した場合、1層の照射時間は2分程度で必要な緻密化が完了することも確認している。更に強い強度のランプを用いることで更に短時間化することも可能であると考えている。加えて、本バリア層は可視域で光学的に透明であるため、光が関わるオプティクスデバイスや内容物の確認が必要な包装に用いることが可能である。図7に当研究室で作製したバリアフィルムの写真（ベースフィルム：PET、サイズ：50×50 mm）と、PHPS薄膜の吸収スペクトルを示す。

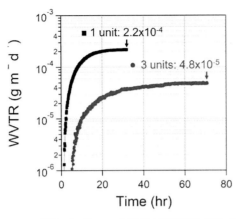 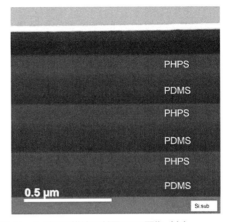

図6　1, 3ユニットにおけるWVTR（左）と、3ユニットバリア構造の断面TEM画像（右）

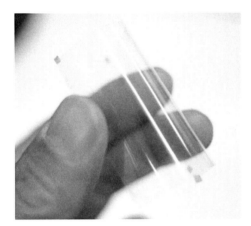 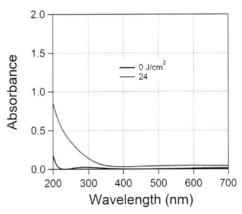

図7　PET上にPHPSバリア形成した時の外観（左）、VUV光照射したPHPS薄膜の吸収スペクトル（右）

　バリア層の緻密性は、バリア性能に対して非常に重要である。しかしながら、バリア性能はそれ以外の性能劣化因子も含んだ総合性能である。クラックの有無だけでなく、成膜不良によるピンホール、フィルム表面上の凹凸や異物等の欠陥の存在によって、バリア性能は大きく低下することから、これらを同時に改良することが非常に重要である。

　本バリア構造をデバイス上に形成した。デバイスとしては有機EL（OLED）を用いている。有機EL素子上に、窒素下にてバリア構造（PDMS／PHPS）を3ユニット形成し、保存性を確認した。保存安定性評価は60℃/90% RHにて行った。バリア構造を3ユニット形成したOLEDデバイスでは、60℃/90% RH 500時間まで非発光エリアの拡大抑制に成功した[5]。非発光エリアの拡大はデバイスに水蒸気が侵入することで起こる[9]ことから、デバイス上に高いバリア構造が形成されていることを意味する。一般的に有機EL素子の上にウェットバリア構造を形成することは、素子下部へのバリア形成と比較すると、難易度が高い。素子上に塗布液をコートすることで、構成材料の溶出や溶剤浸透により素子の性能劣化を引き起こすためである。本研究ではデバイス上1層目に無溶剤UV硬化型PDMSを

低分子シロキサン（D5）にて希釈した「有機EL材料を溶解しない溶液」を調合・コートすることで、この問題も解決している[10]。また、デバイス上にバリア構造を形成する場合には、素子の耐熱性も重要である。特に有機エレクトロニクスデバイスでは、耐熱性は高くないことから、低温プロセスで行う必要がある。本プロセスは室温プロセスであり、熱影響がないこともデバイス特性からも確認している。また本プロセスの特徴の一つに、窒素下プロセスであるということが挙げられる。有機エレクトロニクスデバイスは、ベアな状態では敏感に酸化劣化を受けやすいことから、一貫した窒素環境によるバリア作製プロセスは、むしろアドバンテージと言える。この研究では有機ELデバイスを用いたが、OPVでも同様の結果になると予想される。しかしながら保存性はデバイス構造や素子表面の凹凸にも大きく依存するため、今後OPVでも検討を行っていきたい。

おわりに

本稿では、フレキシブル化の価値、一般的なバリア技術、当研究室が研究するウェットプロセスによるバリア技術等に関して紹介した。前述した通り、バリア技術は広く産業に用いられる技術であるため、OPVなどの次世代デバイスだけでなく、食品や医療の包装分野など、広く展開をしていきたい。加えて、溶液プロセスであることから、溶液調整は必要であるが、各種の印刷・塗工プロセスを用いることが可能であると考えている。例えば、インクジェットプロセスが適応できれば、バリア膜のパターニングを版が必要なく自由に行うことが可能である（デジタルファブリケーション）。保存や劣化防止が必要なニーズに対して革新的なイノベーションを起こせるよう今度も研究を進める予定である。

謝辞

本成果の一部は、国立研究開発法人新技術エネルギー・産業技術総合開発機構（NEDO）グリーンイノベーション基金、国立研究開発法人科学技術振興機構（JST）COIプログラム、OPERAプログラム、OI機構連携型OPERAプログラム、研究成果最適展開支援プログラム（A-STEP）、日本学術振興会（JSPS）科研費基盤研究（C）の支援を受けて行われました。

参考文献

1) E. G. Jeong, J. H. Kwon, K. S. Kang, S. Y. Jeong, and K. C. Choi, "A review of highly reliable flexible encapsulation technologies towards rollable and foldable OLEDs", J. Inf. Disp., 21, 1, 19-32 (2020)

2) S. M. Shin, H. W. Yoon, Y. S. Jang, and M. P. Hong, "Stoichiometric silicon nitride thin films for gas barrier, with applications to flexible and stretchable OLED encapsulation", Appl. Phys. Lett. 118, 181901 (2021)

3) K. Y. Lim, D. U. Kim, J. H. Kong, B-I. Choi, W-S. Seo, J-W. Yu, and W. K. Choi, "Ultralow Water

Permeation Barrier Films of Triad a-SiNx:H/n-SiOxNy/h-SiOx Structure for Organic Light-Emitting Diodes", Appl. Mater. Interfaces, 12, 32106-32118(2020)

4) T. C. Merkel, Z. He, I. Pinnau, B. D. Freeman, P. Meakin, and A. J. Hill, "Effect of Nanoparticles on Gas Sorption and Transport in Poly(1-trimethylsilyl-1-propyne)", Macromolecules, 36, 18, 6844-6855(2003)

5) L. Sun, K. Uemura, T. Takahashi, T. Yoshida, and Y. Suzuri, "Interfacial Engineering in Solution Processing of Silicon-Based Hybrid Multilayer for High Performance Thin Film Encapsulation", ACS Appl. Mater. Interfaces, 11(46), 43425-43432(2019)

6) T. Sasaki, L. Sun, Y. Kurosawa, T. Takahashi, and Y. Suzuri, "Nanometer-Thick SiN Films as Gas Barrier Coatings Densified by Vacuum UV Irradiation", ACS Appl. Nano Mater. 4, 10, 10344-10353(2021)

7) Y. Naganuma, S. Tanaka, C. Kato, and T. Shindo, "Formation of Silica Coatings from Perhydoropolysilazane Using Vacuum Ultraviolet Excimer Lamp" J. Ceram. Soc. Jpn., 112, 599-603(2004)

8) T. Sasaki, L. Sun, Y. Kurosawa, T. Takahashi, and Y. Suzuri, "Solution-Processed Gas Barriers with Glass-Like Ultrahigh Barrier Performance", Adv. Mater. Interfaces, 2201517(8pp.)(2022)

9) M. Schaer, F. Nuesch, D. Berner, W. Leo and L. Zuppiroli, "Water Vapor and Oxygen Degradation Mechanisms in Organic Light Emitting Diodes", Adv. Funct. Mater., 11(2), 116(2001)

10) L. Sun, Y. Kurosawa, H. Ito, Y. Makishima, H. Kita, T. Yoshida, and Y. Suzuri "Solution processing of alternating PDMS/SiOx multilayer for encapsulation of organic light emitting diodes", Organic Electronics, 64, p176-180(2019)

第2章 有機薄膜太陽電池の構成材料・封止・バリア

第3節　有機薄膜太陽電池の電極へのカーボンナノチューブの活用技術

名古屋大学　松尾　豊

はじめに

　近年、カーボンニュートラルを達成するために太陽光発電技術の研究が進展しており、有機薄膜太陽電池（OPV）は軽量で柔軟な次世代の太陽電池として注目を集めている。従来の無機系太陽電池にはない独自の特徴をもちながらも、電極に金属や金属酸化物を使用するため、耐久性やコストの面で課題がある。これらの問題に対処するために、我々の研究グループでは金属や金属酸化物電極の代わりにカーボンナノチューブ（CNT）電極[1-5]を使用したOPV（CNT-OPV）の作製を報告してきたが、まだ実験室レベルのサイズを超えて進展していなかった。そこで、我々はCNT-OPVの実用化に向けて、従来のセルサイズからセミモジュール（図1）へのスケールアップに挑戦した。本稿では、その結果とCNT-OPVの展望について議論する。

図1　透光性のある両面受光可能な10 cm角CNT-OPVセミモジュール

1.　カーボンナノチューブ（CNT）

　炭素原子はsp、sp^2、およびsp^3結合という多様な結合様式をとることが可能であり、様々な物質群を形成する。炭素原子から成るナノカーボン材料は、その特異な構造や優れた機能特性、資源の豊富さ、さらには幅広い応用の可能性から、発見以降研究が盛んに行われている。ナノカーボン材料の代表格であるCNTは、1991年に飯島澄男氏によって発見された[6]、直径数nmの繊維状物質である。高機械強度、高熱伝導率、高電気伝導率などの優れた特性を有するため、CNTは様々な分野への応用が期待されている。

1.1　CNTの構造および電子状態

　CNTは、グラフェンを円筒状に巻いた構造をとる。グラフェンとは、炭素原子がsp^2結合による六角格子を形成した、厚さ単原子層分のシート状物質である。円筒面の層数により、単層CNT

（SWCNT）と、径の異なる複数のSWCNTが同心円状に重なった多層CNT（MWCNT）が存在する。特にSWCNTにおいては、カイラリティとよばれる構造因子の違いにより、直径やチューブ端の構造が大きく異なる。カイラリティは、CNTの円周方向のベクトルであるカイラルベクトルによって定義される。図2にその例を示す。図中の二点鎖線を重ねてできるCNTの場合、原点Oから点Aへ向かうベクトルがカイラルベクトルCである。原点Oから点Bへ向かうベクトルTは、並進ベクトルとよばれ、CNTの円筒軸方向への繰り返し周期を表す。カイラルベクトルは、グラフェンの基本ベクトルaおよびbを用いて次のように表される。

$C = na + mb$

一般的にCNTのカイラリティは、カイラルベクトルの係数部分を用いて指数（n, m）と表記される。図2に示すCNTは、（5, 2）と表される。このようにカイラリティは、多様な構造をとりうるSWCNTを明確に区別する指標となる。

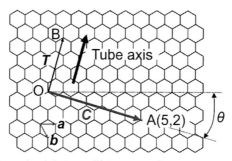

図2　カイラルベクトルCの説明のためのグラフェンシートのモデル

またSWCNTは、その電子状態もカイラリティに依存する。一般的にSWCNTは、$n-m$が3の倍数である場合には金属的、$n-m$が3の倍数でない場合には半導体的な電子構造を有する。図3に、斎藤理一郎氏らにより計算された[7]、（9, 0）および（10, 0）で表される2種類のSWCNTの電子状態密度（DOS）を示す。図3(a)は、フェルミ準位近傍において有限の状態密度を有する、金属的なSWCNTである。一方で図3(b)は、価電子帯と伝導帯との間に状態密度が存在しないギャップを有する、半導体的なSWCNTである。SWCNTのDOSには、ファン・ホーベ特異点（VHS）とよばれる、状態密度が発散するエネルギーが出現する。VHSはフェルミ準位を挟んで対称になっており、フェルミ準位に近い順から第一VHS、第二VHSのように番号付けされる。また対称な特異点間のエネルギーギャップは、金属型の場合はM_{11}、半導体型の場合はS_{11}、S_{22}のように表される。

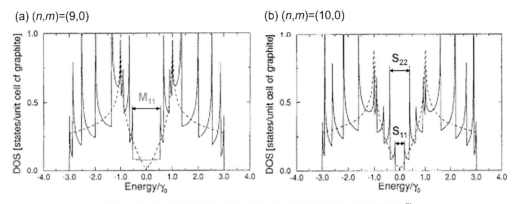

図3 (9, 0) SWCNTおよび (10, 0) SWCNTにおける状態密度[7]

1.2 CNTの製法

CNTは様々な製法により作製することができる。代表例として、アーク放電法やレーザーアブレーション法、化学気相成長（CVD）法が挙げられる。特にCVD法は、他の製法と比較して、高純度・高収率・低コストでCNTを作製できるため、大量合成に適した製法である。CVD法には、炭化水素やアルコールといった炭素源と、CNT成長の核となる金属ナノ粒子触媒が必要となる。金属の種類としては、炭化水素やアルコールに対して分解作用を示す、鉄やコバルト、ニッケルなどが用いられる。CVD法におけるCNTの成長メカニズムは、次のように考えられている。まず炭素源の分解が生じ、炭素が触媒粒子中へ溶解する。その後、過飽和となった炭素が触媒粒子表面から成長するというメカニズムである。またCVD法には大きく分けて2種類存在する。1つは、触媒粒子を担持させた基板や担体からCNTを成長させる、流動床法である。もう1つは基板や担体を用いずに、流動する気相中に浮遊した触媒粒子からCNTを成長させる、気相流動法である。本研究では、気相流動法により合成したCNTを用いた。

1.3 OPV分野におけるCNTの応用

OPV分野におけるCNTの応用として、様々な試みが展開されている。代表的な用途としては、透明電極としての使用である。ITOの代わりにCNTを用いることで、透明電極の低コスト化およびフレキシブル化を図っている。また同様の目的の下、CNTを裏面電極として使用したOPVの作製も報告されている。さらに他の用途として、正孔輸送層への添加材料としての使用が挙げられる。CNTを添加することで、正孔輸送層膜の欠陥が減少し、変換効率が向上することが報告されている[8]。

このように、OPV分野においてCNTは、幅広い用途として応用できる可能性を示している。特に電極としての応用は、低コストかつフレキシブルな電極を実現でき得るという点において大きな意味をもつ。我々のグループによる先行研究では、ITOの代わりにCNTを透明電極として使用した順型OPVの作製に成功している。そこで本研究では、CNTを裏面電極として用いた逆型OPVの作製に取り組んだ。これ以降、裏面電極にCNTを用いた逆型OPVをCNT-OPVと表記する。

2. 実験手順および評価方法

本研究は大まかに以下のような流れで行った。まず逆型OPVを作製し、従来の金属電極デバイスとCNT電極デバイスの性能比較を行った。その後、CNT電極デバイスに対してスプレー塗布を施し、スプレー前後における性能を比較した。なお、CNT薄膜透明電極の作製については、原稿執筆時点では未だコアなノウハウとなるため、本書への記載を避けた。また、単セルのOPVの作製や評価方法など、一般的な事柄に関しては本書の別セクションで議論されると思われるため割愛した。

2.1 逆型OPVセミモジュールの作製方法

図4(a)に作製したセミモジュールの断面構造図を示す。また図4(b)にセミモジュールの作製フローを示す。作製の流れおよび、各層の使用材料は、単セル作製時とおおよそ同じである。各層の成膜条件を以下に示す。

透明電極／透明基板：透明電極／透明基板には、37 mm×37 mmのITO／ガラス（テクノプリント製）を用いた。基板の端から4 mm、12 mm、20 mm、28 mmの位置に、1 mm×37 mmの溝ができるように、ITOはあらかじめパターニングされている。まず、基板表面の洗浄および親水化処理を行うため、UV/O_3を15分間照射した。

電子輸送層：成膜前処理として、エタノールを用いてZnOの濃度が3.0 wt％のZnO分散液を調製した。その後超音波照射を10分間行い、500 rpmで1時間撹拌した。成膜はスピンコート法で行った。親水性フィルターを用いて、ZnO分散液を基板上へ約600 µL滴下し、回転数、時間をそれぞれ1,000 rpm、120秒としてスピンコートした。スピンコート後、80℃で2分間アニールを行った。続いて、濃度0.2 mg/mLのPEI溶液を調製し、スピンコート法によりZnO上へ成膜した。親水性フィルターを用いて、基板上へ約600 µL滴下した後、2,000 rpmで120秒間スピンコートした。スピンコート後、80℃で2分間アニールを行った。

発電層：発電層ポリマーを15 mg、$PC_{61}BM$を30 mgずつ秤量し、褐色バイアル中に静置した。その後ODCBを加え、70℃、800 rpmで1時間撹拌を行った。その後、室温下で撹拌を15分間行った。発電層はスピンコート法により成膜した。疎水性フィルターを用いて基板上へ約700 µL滴下した後、600 rpmで300秒間スピンコートした。スピンコート後、70℃で2分間アニールを行った。

正孔輸送層：成膜前処理として、PEDOT：PSS水分散液に対し、超音波照射を20分間行った。成膜はスピンコート法で行った。基板上へ約1,500 µL滴下した後、1,000 rpmで180秒間スピンコートした。その後、CNTとITOが接触するように、幅2 mmの溝を3つ作製した。また取り出し電極となるITO部分を露出させるため、余分な層を拭き取った。溝の作製および拭き取りには、アセトンもしくは水を浸透させた、爪楊枝および綿棒を用いた。

裏面電極：金属電極のリファレンスデバイスを作製する場合は、銀を真空蒸着法により約100 nm成膜した。またCNT-OPVを作製する場合は、CNT薄膜を転写して電極とした。裏面電極の成膜後、電流を取り出すITO部分に、補助電極として銅テープを貼った。測定時は、基板全面に対して光を入射した。この際1素子あたりの有効発電面積は1.12 cm^2とし、セミモジュール全体で4.48 cm^2とした。

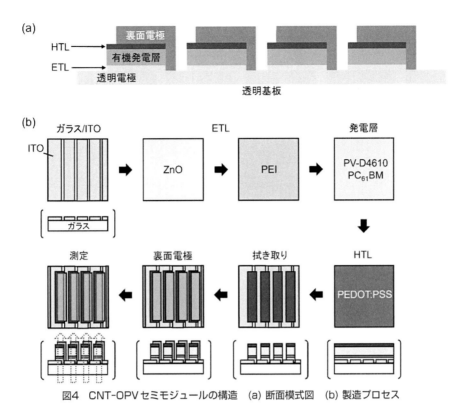

図4　CNT-OPVセミモジュールの構造　(a) 断面模式図　(b) 製造プロセス

2.2　スプレー塗布によるドーピング

　CNT-OPVセミモジュールの高性能化を目指し、スプレー塗布によるドーピングを行った。図5に使用したスプレー塗布装置（旭サナック製）の概略図を示す。スプレー塗布は次のような流れで行った。まず作製したCNT-OPVセミモジュールを試料ステージ上に設置した。このとき試料ステージはノズルから10 cm離し、ステージ表面の温度は90℃で保持した。次にドーパント溶液を入れたシリンジをシリンジポンプに固定した。シリンジポンプが、シリンジを押し出すことによって塗布が開始する。またシリンジポンプはデジタル制御されており、ドーパント溶液の吐出流量を一定に保つことができる。吐出流量は3.2 mL/minとした。またスプレー塗布が行われる間、スプレーノズルは図の右方向に動き、試料ステージは図の奥行および手前方向に動く。ノズルが右端に到達する間に行われる塗布を1回として、計5回の塗布を行った。

　ドーパント溶液は、原料液とIPAを混合することで調製した。調製した溶液は、超音波照射を15分間行った後に塗布した。ドーパントの原料液としては、OPVのHTLとして使用したPEDOT：PSS（荒川化学製）および、ナフィオン（富士フィルム和光純薬製）の2種類を使用した。それぞれのドーパントについて、濃度の異なる溶液を3種類ずつ調整した。ただし、PEDOT：PSSについては水分散液の状態を基準として、溶液を調製した。例えばPEDOT：PSS水分散液500 mgとIPA9500 mgを混合する場合におけるPEDOT：PSSの濃度は、5.0 wt％となる。

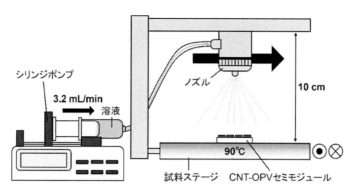
図5 スプレーコーターの概略図

2.3 CNT薄膜の可視光透過率測定およびシート抵抗値測定

合成したCNT薄膜の可視光線透過率を測定することで、薄膜の透明度を評価した。本研究では、波長550 nmにおける可視光線透過率が約85%の値を示すように、CNT合成時の捕集時間を調節した。これはCNT電極の光透過性を高くすることで、OPVの特長であるシースルー性の高さを最大限活かすことができると考えたからである。測定方法としては、ハロゲンランプを用いた光源（Ocean Insight製）からサンプルに光を照射し、サンプル内を透過した光を分光器（Ocean Insight製）で検出することで、透過スペクトルを測定した。

CNT薄膜の抵抗は、シート抵抗値R_{Sheet} Ω/sqを測定することによって評価した。方法としては、四探針法を用いた。まず針間隔1 mmの四探針プローバー（ハイソル製）にを用いて、サンプルに対する電流の印加、および電流印加時に生じる電圧を検出した。サンプル上に電極の形成は行わず、プローバーを直接当てたときに示される抵抗値Rとして、シート抵抗値は以下に示す式により算出した。I Aは印加電流、Vは検出電圧である。

$$R_{Sheet} = \frac{V}{I} \times \frac{\pi}{\ln 2} = R \times 4.5324 \; \Omega/sq$$

3. 実験結果
3.1 セミモジュールの特性

CNT-OPVセミモジュールについては、光透過性の高いCNT薄膜を裏面電極として用いることで、素子全体が透けるOPVセミモジュールを作製することができた。銀電極を用いる場合よりもシースルー性が高いため、農業用ビニールハウスなどでの応用が期待される。

セミモジュールの電流電圧曲線を図6に示す。また、OPVの特性を表す種々のパラメータを表1に示す。有効発電面積は1セルあたり1.12 cm^{2}とし、セミモジュール全体で4.48 cm^{2}とした。またセミモジュールの電流特性は、電流I mAとして表した。裏面電極に銀を用いた場合は、11.2 mAのI_{SC}、3.11 VのV_{OC}、0.632のFFを示し、PCEは4.94%となった。一方CNTを用いた場合、I_{SC}が8.34 mA、

V_{OC}が2.98 V、FFが0.384を示し、PCEは2.14％となった。単セルおよそ4つ分のV_{OC}を示したことから、4セルが直列に並んだセミモジュールを作製できたことがわかった。またCNTデバイスにおいては、裏面電極側から光を入射した場合においても、おおよそ同じ変換効率を示した。これは従来の金属電極OPVには見られない大きな特徴であるといえる。

一方でセミモジュールが示したI_{SC}を、1素子当たりのJ_{SC}として換算すると、Agデバイスは約9.91 mA/cm^2、CNTデバイスは約7.87 mA/cm^{2}であることが分かった。これらの値は単セルのJ_{SC}と比べて小さい。これは素子の大面積化により、電極のシート抵抗の影響がより大きくなったと考えられる。また単セルの結果と同様、CNTデバイスのR_SとR_{SH}は銀デバイスに劣り、PCEにはおよそ1.8倍の差が生じることがわかった。R_Sが大きい原因の一つとして、CNTの抵抗の大きさが挙げられる。

表1　裏面CNT-逆型OPVセミモジュールにおける発電パラメータ
　　　裏面銀電極を用いた参照セミモジュールとの比較

裏面電極	入射方向	I_{SC} [mA]	V_{OC} [V]	R_S [Ω]	R_{SH} [Ω]	FF [-]	PCE [%]
Ag	透明電極	11.2 [11.1±0.1]	3.12 [3.11±0.01]	35.1 [33.7±0.8]	3802.8 [3461.5±210.8]	0.633 [0.629±0.002]	4.94 [4.83±0.06]
Ag	裏面電極	0.369 [0.369±0.001]	2.54 [2.67±0.07]	59.0 [57.8±0.7]	21406.0 [21732.3±2025.3]	0.540 [0.515±0.014]	0.113 [0.113±0.000]
CNT	透明電極	9.15 [8.81±0.33]	2.99 [2.96±0.03]	143.6 [145.0±7.9]	710.8 [770.0±142.6]	0.371 [0.365±0.008]	2.27 [2.13±0.08]
CNT	裏面電極	9.02 [8.47±0.363]	2.97 [2.96±0.03]	144.7 [152.0±6.0]	1157.0 [1519.1±563.7]	0.401 [0.399±0.013]	2.40 [2.23±0.11]

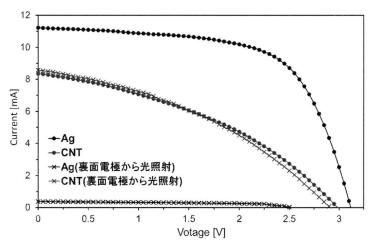

図6　裏面CNT-逆型OPVセミモジュールにおける電流-電圧曲線

3.2 CNTの抵抗減少に関する検討

PEDOT：PSSとナフィオンについてスプレー塗布の効果を検証した。表2に、PEDOT：PSSおよびナフィオンを塗布する前後のCNT薄膜のシート抵抗値を示す。PEDOT：PSSとナフィオンそれぞれについて、いずれの濃度においてもシート抵抗値が減少することがわかった。また減少率に関しては、ナフィオンの方が大きい値を示した。また、表3に示す通り、発電効率が向上した。

表2　高分子酸のスプレーによるシート抵抗の低減

スプレー液	濃度 [wt%]	R_{sheet}(塗布前) [Ω/sq]	R_{sheet}(塗布後) [Ω/sq]	減少率 [%]
PEDOT:PSS	1.0	328.2	284.2	13.4
	5.0	283.3	200.2	29.3
	10.0	272.1	197.6	27.4
ナフィオン	0.05	293.8	182.4	37.9
	0.25	269.2	154.0	42.8
	0.50	316.0	151.4	52.1

表3　高分子酸のスプレーによるドーピングの効果
裏面電極が銀だと酸化により劣化するが、CNT-OPVは酸化により特性向上：産業化に向く

	塗布	I_{SC} [mA]	V_{OC} [V]	R_S [Ω]	R_{SH} [Ω]	FF [-]	PCE [%]	
PEDOT:PSS 溶液スプレー	前	8.40	2.94	150.0	999.4	0.37	2.05	CNTを酸により酸化 (p-ドープ，正孔注入)
	後	9.22	2.99	105.9	$1.34×10^3$	0.44	2.70	
Nafion溶液 スプレー	前	8.57	2.98	153.5	757.8	0.37	2.09	酸
	後	9.41	2.99	99.7	$1.33×10^3$	0.45	2.80	

おわりに

本研究では、CNT-OPVのモジュール化を目的とし、その前段階としてCNT-OPVセミモジュールの作製を試みた。その結果、シースルーなCNT-OPVセミモジュールの作製に成功した。変換効率は、光の入射方向に関わらず約2.3%を示した。また、CNT-OPVの高性能化を目指し、スプレー塗布によるドーピングの効果について検討した。ドーパントとしてPEDOTおよびナフィオンを使用した結果、いずれの場合においてもR_SおよびR_{SH}が向上し、変換効率は約2.8～2.9%を示した。今後の展望としては、ドーパント溶液の均一塗布やグリッド状CNT薄膜の使用により、さらなる性能向上が期待される。

参考文献

1) 大岩詩門、松尾 豊、車載テクノロジー 2023、Vol.10、No.11(2023年8月号)、P58-61.
2) H.-S. Lin, R. Hatomoto, D. Miyata, M. Huda, I. Jeon, S. Hashimoto, T. Hashimoto, Y. Matsuo, *Appl. Phys. Express*, **15**, 046505 (2022).
3) Y. Matsuo, *Bull. Chem. Soc. Jpn.*, **94**, 1080 (2021).
4) I. Jeon, A. Shawky, H.-S. Lin, S. Seo, H. Okada, J.-W. Lee, A. Pal, S. Tan, A. Anisimov, E. I. Kauppinen, Y. Yang, S. Manzhos, S. Maruyama, Y. Matsuo, *J. Am. Chem. Soc.*, **141**, 16553 (2019).
5) I. Jeon, K. Cui, T. Chiba, A. Anisimov, A. Nasibulin, E. Kauppinen, S. Maruyama, Y. Matsuo, *J. Am. Chem. Soc.*, **137**, 7982 (2015).
6) S. Iijima, *Nature*, **354**, 56 (1991).
7) R. Saito, G. Dresselhaus, M. S. Dresselhaus, *Appl. Phys. Lett.*, **73**, 494 (1992).
8) H. S. Lin, D. Miyata, M. Yagisawa, M. Huda, S. Hashimoto, T. Hashimoto, Y. Matsuo, *Appl. Phys. Express*, **15**, 121001 (2022).

第3章

有機薄膜太陽電池モジュールの開発と応用展開

第3章　有機薄膜太陽電池モジュールの開発と応用展開
第1節　OPVの普及を妨げるコストと性能の問題、およびその解決の方向性

Brilliant Matters Organic Electronics Inc.　Arthur D. Hendsbee, Varun Vohra
株式会社GSIクレオス／Brilliant Matters Organic Electronics Inc.　柳澤　隆

はじめに

　有機薄膜太陽電池（Organic Photovoltaic：OPV）技術は、様々な用途への大規模展開に魅力的な独自の特徴を誇っている。それは例えば、柔軟性であり、透過性、意匠性、低環境負荷、またロール・ツー・ロール（R2R）製造による低コストで拡張性の高い生産の可能性、など様々な特徴がある（図1）。重要なポイントは、OPVデバイスは太陽光下（屋外）だけでなく、（角度のついた）低照度環境下（屋内、拡散照明下）でもエネルギーを生成できるため、大規模に展開するために用途の多種多様なシナリオを描くことが可能になることである。

　屋内環境では絶対的なエネルギー出力は市場導入の重要な原動力とは見なされていない。その代わり、製品の市場への適合については、企業レベルのIoT（モノのインターネット）機器のエネルギー源としてバッテリーを置き換え、長期的な総所有コストを削減することを中心に検討されている。より高いエネルギー出力、コスト削減ももちろん望まれる特徴だが、OPVデバイスは現在、低照度下でのエネルギー生成という点では他の技術に優位性があり、現在の価格でも出力とモノのコストの良好なバランスを得ることができる[1,2]。さらに、屋内環境は通常、温度と湿度が制御されており、また屋外環境より紫外線照射が極めて少ないため、OPVモジュールの長期安定性が向上するという利点もある。

図1　フレキシブルOPVモジュール
（出典：ONINN/SUNEW）

1. OPVの現状

　一般的に太陽光発電所（メガソーラー）や建物一体型太陽光発電（BIPV）のような屋外環境では、太陽光発電技術は、先行投資として、あるいは装置の耐用年数にわたって（すなわち、\$/kWまたは\$/kWh）発電される電力のコストとして、その有用性が判断される。これらの指標で競合する商業用OPVパネルは、現時点で市場を支配するシリコン型太陽電池のような確立された技術と比較すると、低効率、低寿命、高コストなどの課題に直面している。

　一方、シェードが掛かった窓、曲面がある建築、軽量の構造物、斜めの角度に設置されるような「ハイブリッド」環境の場合、シリコン型太陽電池では不透明で非常に重く、板状で対象物に適用できない。また良好な効率を達成するために最適な照明条件に置かなければならないような場合も同様、シリコン型太陽電池では通常対応が困難である[3]。これらの特徴を念頭に、高付加価値を有する具体的な用途のひとつは「営農型太陽光発電」の分野である。OPVの色調調整可能性は、前述の特徴に加えて、植物に特化した光スペクトルの最適化によって植物の成長を促し、OPVを備えた温室では環境への影響を低減することもできる[4]。今後このような場合に、良好な光電変換効率、性能安定性、コストパフォーマンスを備えたOPV製品が急速に市場展開される可能性がある。

　幸いなことに、研究開発の取り組みは近年急増しており、これらの各課題の解決に楽観的な見通しを示している。OPVパネル量産コストの理論的評価では、高スループット、低エネルギーでの製造、および地球上に豊富に存在する材料の使用、という組み合わせにより、数10ドル/m^2という低コストが示されている[5-7]。ラボスケールでのOPVデバイスでは、新材料の組み合わせ、加工法の改良、また基本的プロセスへの十分な理解により、OPVセルの電力変換効率（PCE）が20％を超え、標準的なシリコン技術と競合するレベルになっている[8-11]。

　OPVデバイスの安定性も商業化には不可欠であるが、近年急速に改善され、商業的に製造されたOPVパネルは既に20年の耐用年数を示している[12,13]。耐用年数が1年延びるごとに、モジュール生産される電力の総コストは削減されることもあり、今後20〜30年の寿命が期待されている。界面の微調整や封止材料や封止法の改善によって安定性を向上させる現在の取り組みは、OPVデバイスの安定性を30年以上に延ばせる可能性を既に示している[14-16]。

　こうした技術革新を実現させることで、OPVパネルを日常生活で広く活用できるようになると確信されている。そのためには、化学、物理学、工学などの既存の専門知識を組み合わせて、研究室環境から大規模な実装へと飛躍させるため更に献身的な努力が必要である。

　OPVパネルは通常、あらかじめカソードが成膜された基板から始まる「逆型」構造で製造される（図2）。次に、溶液処理技術を用いて電子輸送層（ETL）、活性層、正孔輸送層（HTL）、アノードを順次成膜する。

　R2R製造環境において、金属電極を含む特定層の蒸着も可能であり、反射電極による高い効率やプロセス歩留まり向上の可能性など、溶液処理とは異なる利点が得られる可能性がある[16]。また完成したデバイスを外気から保護するためにバリアフィルムで封止する必要がある。現時点では、活性層材料、基板、バリアフィルムが、OPV技術における主なコスト要因とされている。

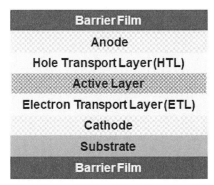

図2　「反転」構造を用いた典型的なOPVモジュールのOPVデバイス構造
（注）各層の厚さは実際の厚みの縮尺通りではない

2. OPVの低コスト化に向けて

　1986年に最初のヘテロ接合有機太陽電池が報告され[18]、続く1995年に溶液処理バルクヘテロ接合太陽電池が開発されて以来[19,20]、活性層の材料設計とプロセス条件に関する理解は飛躍的に深まった。例えば材料の進化により「合成の複雑さ」が軽減された吸収剤の開発により高効率を実現したことで、低コストでの大量生産の可能性が出てきた[21]。しかし現時点では、このような材料はスケールメリットや専用の大規模生産設備によって得られるコスト削減の成果を享受できておらず、依然としてOPV技術のコスト障壁となっている。

　しかしこの課題は容易に克服できる性質のものであり、それは化学産業におけるスケールアップによるメリットの典型的なケースと見なすことができる。

　新規材料はまず、比較的小さなスケール（グラムスケール以下）で合成され、ラボ環境での技術的実現可能性が実証される。合成の最適化、再現性、コストの最適化は、この発見段階では重要な要素ではない。いったん材料が広く採用される可能性が示されれば、製造設備への投資や化学的最適化を十分に研究することにより、コストは劇的に削減される（図3）。

　例えば、新規の前駆体[22]や、直接（ヘテロ）アリール化重合[23,24]のような反応法を利用すれば、同じ活性層材料をより低コストで生成することができ、ハイスループットの化学反応をより優れた熱効率と混合効率で稼働させることで、生成物1グラムあたりのエネルギー消費量を削減することができる。

　さらに大規模な化学生産の場合、生産量に比して手作業が少なくて済むため、生産コスト全体が大幅に削減される。つまり大規模生産により、品質管理の単価は、より大量の原料単位で割り返すことができるため、品質管理の自動化と共に、原料品質に影響を与えることなく、コストと時間を要する手作業を減らすことができる[25]。

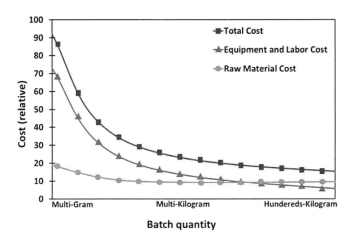

図3　有機半導体の生産規模に対するコストの外挿
表示されている総コストは、装置の運転、手作業、原材料のコストの合計。
合成の規模が大きくなるにつれて、生産される材料の総量に対する人件費と
設備費は少なくなり、材料の生産にかかる総費用は減少
（出典：Brilliant Matters Organic Electronics Inc. 社内資料）

　活性層のコストだけでなく、OPVフィルムの他の構成要素も、OPVの大量生産の大きなコスト障壁となっている。例えば、R2R印刷に使用される基板は、柔軟性が高く、適切な機械的特性を持ち、表面粗さが小さく、シート抵抗の低い高品質の透明導電性電極でコーティングされていなければならない。通常フレキシブルOPV製造によく使用される基板は、ITO（酸化インジウムスズ）またはIMI（ITO／金属／ITO）でコーティングされたポリエチレンテレフタレート（PET）である。このような基板は、限られた生産量、厳しい品質要件、金属インジウムの使用により、OPV製造コストの大部分を占めている。最初の2つの課題（限られた生産量と高い品質要求）は、製造能力への集中的な投資によって解決できる可能性がある。しかしITOは、インジウムの希少性と、その性質、つまり高い透明性と導電性を併せ持つため、電子産業業界でITOに対する強い需要があるために、比較的高価なままである。幸い、アルミニウムドープ酸化亜鉛とアルミニウムの組み合わせ[16]、カーボンナノチューブ[26]、導電性ポリマー[27]、銀ナノワイヤー[28]などの材料を用いた「ITOフリー」デバイスに関する優れた研究が進んでおり、大規模OPV製造のための低コスト基板・電極組み合わせへの道筋は既に見えている。

　バリアフィルムは、環境中の水分、酸素、太陽光の紫外線成分から保護し、OPVデバイスの寿命を劇的に延ばすことができる。また、OPVデバイスを保護するために必要な酸素透過率および水蒸気透過率（WVTR）が、水蒸気は約10^{-6} g/m^{-2}/day、酸素は約10^{-3} cm^3/m^2/day/barと低いため、OPVデバイスの最も重要なコスト要因のひとつとなっている[29, 30]。

　OPVバリアフィルムのコストは、その厳しい品質要件と現在の少量生産にも関係しており、前述の通り、規模を拡大すれば克服できる可能性がある課題といえる[31]。バリアフィルムに関する新たな研究も進行中であり、より低コストで効果的なバリアフィルムを実現する有望な可能性を提供してい

る[32]。より本質的に適合性が高く安定した活性層／中間膜の組み合わせの利用、窓の内側など「ハイブリッド」環境を利用したりすることで、WVTR率の高いより安価なバリアが利用できるようになり、こうした用途のOPV製造コストをさらに削減できる可能性が示されている。

3. 実験室と製造の性能ギャップを超えるアプローチ

コスト問題を別にしても、実験室で得られたOPVデバイスの最高性能は、モジュールレベルでは得られていないことがわかる。NREL[33, 34]が提供する記録効率のチャート、から、セルとモジュールレベルで達成された記録を比較すると、そのことが明確に理解される（図4）。

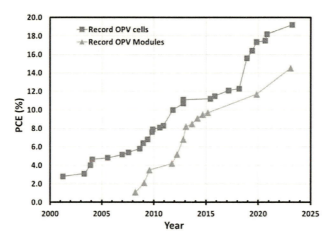

図4　OPVセルおよびOPVモジュールの最高性能の推移と相互の性能差を表したグラフ
（このグラフに使用した元データは、国立再生可能エネルギー研究所（NREL）提供による）

この差異の主たる理由は、小型デバイスで最高効率を得るための使用プロセスや材料、組み合わせがあるが、最適化検討あるいは大幅な変更が必要な場合が多く、大規模製造には適さない場合があるためである[35]。例えば、蒸着電極の使用、不活性環境、ガラス基板上の小型・高剛性デバイス作製に使用される、しかしこれらの方法は必ずしも量産時に適切な塗膜技術とは言えないかもしれない。

（1）基板と電極：小規模作製の場合、硬質ガラス基板上のITO電極が最もよく使用され、第2電極（通常は銀またはアルミニウム）は蒸着法で成膜されるのが一般的である[17]。R2R互換のフレキシブル基板上に印刷可能な銀やインジウムベースの電極は大量生産に適しているが、コスト面からは非現実的な場合もあり、シート抵抗が高い、透明度が低い[36]、反射性がない（印刷銀と蒸着銀の場合）などの要因が組み合わさって効率が低くなる場合がみられる[37]。

（2）製造環境：一般的な大気環境での製造は、酸素や水などの汚染物質の存在により、OPVデバイスの性能と長期安定性の両方に悪影響を及ぼすことはよく知られている。このため最高性能を有するデバイスの作製時には、グローブボックスのような不活性環境が用いられることが多い。R2R製造の場合、湿度と温度を制御することは可能だが、仮に純窒素環境を使用する場合は、製造に対するコスト増と工程の煩雑さを加えることを意味する。

(3) 処理方法とデバイスサイズ：高性能OPVデバイスの活性層と中間膜は、通常、ハロゲン系溶剤インクを小型の硬質ガラス基板にスピンコートして成膜され、多くの場合、高いアニール温度や長いアニール時間を利用する。これらの方法は、大面積で柔軟なプラスチック基板を使用するR2R生産とは相性が悪く、ハロゲン系溶剤は環境や健康への懸念から使用制限もされている。

さらに、スピンコーティングやブレード法で得られるモルフォロジーは、たとえ同じ溶媒を使用しても、スロットダイなどのR2Rコーティング法で得られるモルフォロジーと同等とは言えないだろう[38]。

企業も、研究機関と同様に、これら新しい技術革新と理解を工業的スケールに移転するために、現在多大な努力と投資を行っている。この課題の解決は、業界関係者と異分野の専門家が協力することで可能であり、近年では量産が可能な製造法に適合する新しい加工法を考案することとは、量産が可能な効率的かつ費用対効果の高い材料開発ももたらしている。

最近、FAUとHI-ERNの研究チームが、効率14.5％、デバイス面積204 cm^2という驚異的な有機太陽電池モジュールの新記録を樹立している[39]。この記録は高度な成膜戦略、シミュレーション技術、最適化された活性層材料の組み合わせによって達成されている。更にこの共同研究の成果は、屋外条件下でのOPV技術の普及に道を開くものといえる。

おわりに

結論として、OPVはコスト、性能、安定性に関する本質的な課題の解決に取り組む業界関係者や研究機関の努力により、この1年で飛躍的な成熟を見せた。こうした取り組みにより、蓄電池フリーのIoTデバイスへの電力供給、意匠性のある半透明でカラフルな窓、軽量のため既存建築への適用、湾曲した構造体への貼り付け、光合成に必要な波長のみを透過させる農業用ビニールハウスへの適用など、各市場へ最適な用途が明らかになっており、実証研究だけでなく社会実装も始まっている。本論で述べたように、各プロセス技術や構成材料の継続的改善がOPVモジュールに段階的に反映されていき、消費者、需要者にとって極めて利用価値のあるOPV製品は更に新たな用途が開発されることとなり、市場への応用と展開は今後ますます大きく拡大していくことが予測される。

References:

1）Dracula Technologies. TCO Comparison of Battery-Powered vs. OPV-Powered IoT Sensors, 2024. https://dracula-technologies.com/wp-content/uploads/2024/01/TCO-WP-copie.pdf (accessed 2024-08-22).

2) Chakraborty, A.; Lucarelli, G.; Xu, J.; Skafi, Z.; Castro-Hermosa, S.; Kaveramma, A. B.; Balakrishna, R. G.; Brown, T. M. Photovoltaics for Indoor Energy Harvesting. *Nano Energy* 2024, *128,* 109932. https://doi.org/10.1016/j.nanoen.2024.109932.

3) Feroze, S.; Distler, A.; Forberich, K.; Ahmed Channa, I.; Doll, B.; Brabec, C. J.; Egelhaaf, H.-J. Comparative Analysis of Outdoor Energy Harvest of Organic and Silicon Solar Modules for Applications in BIPV Systems. *Sol. Energy* 2023, *263,* 111894. https://doi.org/10.1016/j.solener.2023.111894.

4) Organic Electronic Technologies (OET). *AgriVoltaics*. AgriVoltaics. https://oe-technologies.com/installation/opvs-in-agriculture-either-in-greenhouses-or-in-open-field-cultivation/ (accessed 2024-09-28).

5) Gambhir, A.; Sandwell, P.; Nelson, J. The Future Costs of OPV–A Bottom-up Model of Material and Manufacturing Costs with Uncertainty Analysis. *Life Cycle Environ. Ecol. Impact Anal. Sol. Technol.* 2016, *156,* 49–58. https://doi.org/10.1016/j.solmat.2016.05.056.

6) Lee, B.; Lahann, L.; Li, Y.; Forrest, S. R. Cost Estimates of Production Scale Semitransparent Organic Photovoltaic Modules for Building Integrated Photovoltaics. *Sustain. Energy Fuels* 2020, *4* (11), 5765–5772. https://doi.org/10.1039/D0SE00910E.

7) Mulligan, C. J.; Wilson, M.; Bryant, G.; Vaughan, B.; Zhou, X.; Belcher, W. J.; Dastoor, P. C. A Projection of Commercial-Scale Organic Photovoltaic Module Costs. *Sol. Energy Mater. Sol. Cells* 2014, *120,* 9–17. https://doi.org/10.1016/j.solmat.2013.07.041.

8) Chen, Z.; Ge, J.; Song, W.; Tong, X.; Liu, H.; Yu, X.; Li, J.; Shi, J.; Xie, L.; Han, C.; Liu, Q.; Ge, Z. 20.2% Efficiency Organic Photovoltaics Employing a π-Extension Quinoxaline-Based Acceptor with Ordered Arrangement. *Adv. Mater.* 2024, *36* (33), 2406690. https://doi.org/10.1002/adma.202406690.

9) Jiang, Y.; Sun, S.; Xu, R.; Liu, F.; Miao, X.; Ran, G.; Liu, K.; Yi, Y.; Zhang, W.; Zhu, X. Non-Fullerene Acceptor with Asymmetric Structure and Phenyl-Substituted Alkyl Side Chain for 20.2% Efficiency Organic Solar Cells. *Nat. Energy* 2024. https://doi.org/10.1038/s41560-024-01557-z.

10) Guan, S.; Li, Y.; Xu, C.; Yin, N.; Xu, C.; Wang, C.; Wang, M.; Xu, Y.; Chen, Q.; Wang, D.; Zuo, L.; Chen, H. Self-Assembled Interlayer Enables High-Performance Organic Photovoltaics with Power Conversion Efficiency Exceeding 20%. *Adv. Mater.* 2024, *36* (25), 2400342. https://doi.org/10.1002/adma.202400342.

11) Chen, C.; Wang, L.; Xia, W.; Qiu, K.; Guo, C.; Gan, Z.; Zhou, J.; Sun, Y.; Liu, D.; Li, W.; Wang, T. Molecular Interaction Induced Dual Fibrils towards Organic Solar Cells with Certified Efficiency over 20%. *Nat. Commun.* 2024, *15* (1), 6865.
https://doi.org/10.1038/s41467-024-51359-w.

12) TECHNICAL DATASHEET: HeliaSol® 436-2000, 2024.
https://www.heliatek.com/fileadmin/user_upload/pdf_documents/Datasheet_HeliaSol_436-2000_Website_EN.pdf (accessed 2024-08-22).

13) ASCA. *ASCA® Technology.* ASCA® Technology.
https://www.asca.com/asca-technology/ (accessed 2024-08-27).

14) Li, Y.; Huang, X.; Ding, K.; Sheriff, H. K. M.; Ye, L.; Liu, H.; Li, C.-Z.; Ade, H.; Forrest, S. R. Non-Fullerene Acceptor Organic Photovoltaics with Intrinsic Operational Lifetimes over 30 Years. *Nat. Commun.* 2021, *12* (1), 5419.
https://doi.org/10.1038/s41467-021-25718-w.

15) Burlingame, Q.; Huang, X.; Liu, X.; Jeong, C.; Coburn, C.; Forrest, S. R. Intrinsically Stable Organic Solar Cells under High-Intensity Illumination. *Nature* 2019, *573* (7774), 394–397.
https://doi.org/10.1038/s41586-019-1544-1.

16) Müller, D.; Jiang, E.; Campos Guzmán, L.; Rivas Lázaro, P.; Baretzky, C.; Bogati, S.; Zimmermann, B.; Würfel, U. Ultra-Stable ITO-Free Organic Solar Cells and Modules Processed from Non-Halogenated Solvents under Indoor Illumination. *Small* 2024, *20* (9), 2305437.
https://doi.org/10.1002/smll.202305437.

17) Heliatek GmbH. *The heart of our roll-to-roll process: Thermal evaporation under vacuum.* The heart of our roll-to-roll process: Thermal evaporation under vacuum.
https://www.heliatek.com/en/technology/roll-to-roll-series-production/ (accessed 2024-08-27).

18) Tang, C. W. Two‐layer Organic Photovoltaic Cell. *Appl. Phys. Lett.* 1986, *48* (2), 183–185.
https://doi.org/10.1063/1.96937.

19) Yu, G.; Heeger, A. J. Charge Separation and Photovoltaic Conversion in Polymer Composites with Internal Donor/Acceptor Heterojunctions. *J. Appl. Phys.* 1995, *78* (7), 4510–4515.
https://doi.org/10.1063/1.359792.

20) Halls, J. J. M.; Walsh, C. A.; Greenham, N. C.; Marseglia, E. A.; Friend, R. H.; Moratti, S. C.; Holmes, A. B. Efficient Photodiodes from Interpenetrating Polymer Networks. *Nature* 1995, *376* (6540), 498–500. https://doi.org/10.1038/376498a0.

21) Po, R.; Bianchi, G.; Carbonera, C.; Pellegrino, A. "All That Glisters Is Not Gold": An Analysis of the Synthetic Complexity of Efficient Polymer Donors for Polymer Solar Cells. *Macromolecules* 2015, *48* (3), 453–461.
https://doi.org/10.1021/ma501894w.

22) Rech, J. J.; Neu, J.; Qin, Y.; Samson, S.; Shanahan, J.; Josey III, R. F.; Ade, H.; You, W. Designing Simple Conjugated Polymers for Scalable and Efficient Organic Solar Cells. *ChemSusChem* 2021, *14* (17), 3561–3568.
https://doi.org/10.1002/cssc.202100910.

23) Bura, T.; Blaskovits, J. T.; Leclerc, M. Direct (Hetero)Arylation Polymerization: Trends and Perspectives. *J. Am. Chem. Soc.* 2016, *138* (32), 10056–10071.
https://doi.org/10.1021/jacs.6b06237.

24) Gobalasingham, N. S.; Ekiz, S.; Pankow, R. M.; Livi, F.; Bundgaard, E.; Thompson, B. C. Carbazole-Based Copolymers via Direct Arylation Polymerization (DArP) for Suzuki-Convergent Polymer Solar Cell Performance. *Polym. Chem.* 2017, *8* (30), 4393–4402.
https://doi.org/10.1039/C7PY00859G.

25) Ley, S. V.; Fitzpatrick, D. E.; Ingham, Richard. J.; Myers, R. M. Organic Synthesis: March of the Machines. *Angew. Chem. Int. Ed.* 2015, *54* (11), 3449–3464.
https://doi.org/10.1002/anie.201410744.

26) Lin, H.-S.; Hatomoto, R.; Miyata, D.; Huda, M.; Jeon, I.; Hashimoto, S.; Hashimoto, T.; Matsuo, Y. Scalable eDIPS-Based Single-Walled Carbon Nanotube Films for Conductive Transparent Electrodes in Organic Solar Cells. *Appl. Phys. Express* 2022, *15* (4), 046505.
https://doi.org/10.35848/1882-0786/ac5c02.

27) Aivali, S.; Beaumont, C.; Leclerc, M. Conducting Polymers: Towards Printable Transparent Electrodes. *Prog. Polym. Sci.* 2024, *148*, 101766.
https://doi.org/10.1016/j.progpolymsci.2023.101766.

28) Tam, K. C.; Kubis, P.; Maisch, P.; Brabec, C. J.; Egelhaaf, H.-J. Fully Printed Organic Solar Modules with Bottom and Top Silver Nanowire Electrodes. *Prog. Photovolt. Res. Appl.* 2022, *30* (5), 528–542.
https://doi.org/10.1002/pip.3521.

29) Müller-Meskamp, L.; Fahlteich, J.; Krebs, F. C. Barrier Technology and Applications. In *Stability and Degradation of Organic and Polymer Solar Cells;* 2012; pp 269–329.
https://doi.org/10.1002/9781119942436.ch10.

30) Brabec, C.; Egelhaaf, H.-J.; Salvador, M. The Path to Ubiquitous Organic Electronics Hinges on Its Stability. *J. Mater. Res.* 2018, *33* (13), 1839–1840.
https://doi.org/10.1557/jmr.2018.239.

31) Ghaffarzadeh, K. *Barrier Films and Thin Film Encapsulation: Key Technology and Market Trends.* Barrier Films and Thin Film Encapsulation: Key Technology and Market Trends.
https://www.linkedin.com/pulse/barrier-films-thin-film-encapsulation-key-technology-ghaffarzadeh/ (accessed 2024-08-22).

32) Sutherland, L. J.; Weerasinghe, H. C.; Simon, G. P. A Review on Emerging Barrier Materials and Encapsulation Strategies for Flexible Perovskite and Organic Photovoltaics. *Adv. Energy Mater.* 2021, *11* (34), 2101383.
https://doi.org/10.1002/aenm.202101383.

33) National Renewable Energy Laboratory. *Best Research-Cell Efficiency Chart.* Best Research-Cell Efficiency Chart.
https://www.nrel.gov/pv/cell-efficiency.html/ (accessed 2024-08-27).

34) National Renewable Energy Laboratory. *Champion Photovoltaic Module Efficiency Chart.* Champion Photovoltaic Module Efficiency Chart.
https://www.nrel.gov/pv/module-efficiency.html (accessed 2024-08-27).

35) Carlé, J. E.; Helgesen, M.; Hagemann, O.; Hösel, M.; Heckler, I. M.; Bundgaard, E.; Gevorgyan, S. A.; Søndergaard, R. R.; Jørgensen, M.; García-Valverde, R.; Chaouki-Almagro, S.; Villarejo, J. A.; Krebs, F. C. Overcoming the Scaling Lag for Polymer Solar Cells. *Joule* 2017, *1* (2), 274–289.
https://doi.org/10.1016/j.joule.2017.08.002.

36) Leong, C. Y.; Yap, S. S.; Ong, G. L.; Ong, T. S.; Yap, S. L.; Chin, Y. T.; Lee, S. F.; Tou, T. Y.; Nee, C. H. Single Pulse Laser Removal of Indium Tin Oxide Film on Glass and Polyethylene Terephthalate by Nanosecond and Femtosecond Laser. 2020, *9* (1), 1539–1549.
https://doi.org/10.1515/ntrev-2020-0115.

37) Tam, K. C.; Saito, H.; Maisch, P.; Forberich, K.; Feroze, S.; Hisaeda, Y.; Brabec, C. J.; Egelhaaf, H.-J. Highly Reflective and Low Resistive Top Electrode for Organic Solar Cells and Modules by Low Temperature Silver Nanoparticle Ink. *Sol. RRL* 2022, *6* (2), 2100887.
https://doi.org/10.1002/solr.202100887.

38) Adel, R.; Morse, G.; Silvestri, F.; Barrena, E.; Martinez-Ferrero, E.; Campoy-Quiles, M.; Tiwana, P.; Stella, M. Understanding the Blade Coated to Roll-to-Roll Coated Performance Gap in Organic Photovoltaics. *Sol. Energy Mater. Sol. Cells* 2022, *245*, 111852.
https://doi.org/10.1016/j.solmat.2022.111852.

39) Basu, R.; Gumpert, F.; Lohbreier, J.; Morin, P.-O.; Vohra, V.; Liu, Y.; Zhou, Y.; Brabec, C. J.; Egelhaaf, H.-J.; Distler, A. Large-Area Organic Photovoltaic Modules with 14.5% Certified World Record Efficiency. *Joule* 2024, *8* (4), 970–978.
https://doi.org/10.1016/j.joule.2024.02.016.

第3章 有機薄膜太陽電池モジュールの開発と応用展開

第2節 超薄型有機太陽電池の高性能化と応用可能性

理化学研究所　福田　憲二郎

はじめに

　この10年の有機太陽電池の効率進展は非常に目覚ましいものがある。2024年7月現在で、外部機関による認証済みの有機太陽電池のエネルギー変換効率（PCE）の世界最高値は19.2％である[1]。これは2014年の値（11％強）に比べて、この10年で2倍近い向上をしていることがわかる。有機太陽電池に関連する多くの研究者の努力によってこのような目覚ましい成果が達成された。効率の改善に加えて、高寿命の取り組みも非常に盛んに行われている[2]。適切な構造とカプセル化によって、30年以上の太陽光下連続駆動も可能になるなど[3]、高効率化と高寿命を両立した有機太陽電池の実現が近づいている。また、コスト分析によって、印刷形成された有機太陽電池は既存の太陽電池技術と比してコスト面でも競争力があるという試算もなされている[4]。

　フレキシビリティは有機太陽電池を含む次世代太陽電池の重要なアドバンテージの一つである。活性層の厚さが100 nm程度と薄いため、機能層（透明電極、電荷注入層、上部電極）自体の膜厚を薄くできる。薄いフィルム基板や封止技術と組み合わせることで、全体の厚みを薄くすることが可能となり、従来の太陽電池では実現困難な柔軟性を付与することができる。

　これまでの有機太陽電池の研究では、100 μm程度の厚さのフィルムを利用したロール・トゥ・ロール製造可能なフレキシブル太陽電池に着目した研究が多くなされていた。しかしながら、基板の厚さが10 μmを下回るような超薄型の有機太陽電池が近年高い効率を示すようになり[5]、これらを利用した有機太陽電池とセンサの集積化デバイスなど[5]、ウェアラブルエレクトロニクス等への応用の可能性も大きく広がってきている（図1）。本稿では、有機太陽電池の薄型化・高効率化・高安定化に関するこれまでの進捗と、フレキシブル有機太陽電池が目指すべき方向性について紹介する。

超薄型有機太陽電池の写真

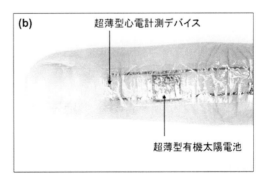

超薄型有機太陽電池を利用した自立駆動型
ウェアラブルセンサデバイス

図1　超薄型有機太陽電池

1. 超薄型有機太陽電池の構造と進展の歴史

　図2は、フレキシブル及び超薄型有機太陽電池の典型的な概略図を示している。フレキシブル有機太陽電池と極薄有機太陽電池の両方の基本的なコンポーネントは、リジッド有機太陽電池のコンポーネントとほぼ同じである。有機太陽電池は、基板、透明電極、電子輸送層（ETL）、活性層（ドナー－アクセプターブレンド）、正孔輸送層（HTL）、上部電極、およびパッシベーション層で構成される。リジッドとフレキシブル・超薄型有機太陽電池の主な違いは、基板とパッシベーション層に見られる。フレキシブル有機太陽電池では、厚さ10〜100μmのフレキシブル基板（ほとんどの場合ポリマー）が使用される。さらに、パッシベーション層にも柔軟な材料が使用されている。一方、極薄有機太陽電池の基板とパッシベーション層の両方に、厚さが1〜10μmのポリマー（またはポリマー／無機ハイブリッド）フィルムが使用されている。一部の極薄基板では、フィルムの表面平坦度を向上させるために平坦化層が追加されている。

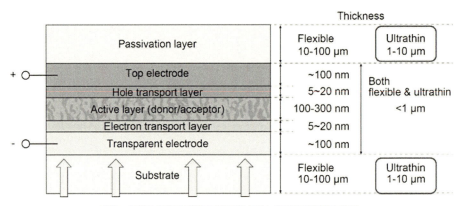

図2　有機太陽電池構造の断面模式図と各層の典型的な厚さ

　有機太陽電池の効率改善の進捗についてまとめたグラフを図3に示す[6]。ガラス基板を用いた認証値は2010年から2012年にかけて効率改善の大きな進展があり、そこでPCEが8％程度から11％まで一気に押し上げられた。しばらく停滞した後、2018年から再びより大きな効率改善のブームが来て現在に至る。現在の最高値18.2％が達成されたのは2020年後半であり、そこからの更新は2024年7月現在、しばらく報告されていない。一方、フレキシブル有機太陽電池はガラス基板認証値から数年遅れてほぼ同様の効率改善の曲線を描いている。2024年7月現在での最高値は17.5％である[7]。更に超薄型有機太陽電池の傾向を見てみると、Kaltenbrunnerによってはじめて超薄型有機太陽電池が報告された後[8]、しばらくPCEの更新はなく、2017年から効率の改善が進んでいることがわかる。超薄型の2024年7月現在での最高値は中国のHongzheng Chengグループから報告された17.3％である[9]。フレキシブルのベストデータから数年遅れて効率が上がってきていることが確認される。

第3章　有機薄膜太陽電池モジュールの開発と応用展開

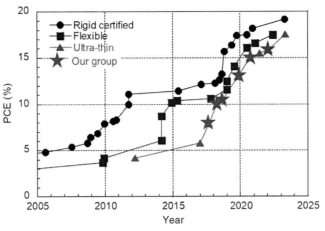

図3　有機太陽電池のエネルギー変換効率向上の歴史

　安定性に関しては基板厚さを薄くすることがより大きな影響を与える。フレキシブルはガスバリア性がガラスに比べると圧倒的に劣っている。また、基本的にガスバリア性能はフィルムの膜厚に比例するため、超薄型基板は十分なガスバリア性を担保することは困難である。有機・無機ハイブリッド封止膜など、ガスバリア性を担保するための戦略が考えられる[10]。この場合、特に無機材料を使用することによる柔軟性とのトレードオフ関係に注意する必要がある。ガスによる劣化以外にも、太陽電池を劣化させる要因としては光（特に紫外光）、材料の本質的な安定性等が挙げられる。これらの問題はフレキ／ウルトラフレキでもリジッドでも同じような議論がなされうるので、それらのストラテジーを大きく参考にすることが可能である。

　機械的安定性は、基板や封止膜の厚さが大きくその安定性向上に寄与する。ある曲げ半径 R でフィルムを曲げたときに加わるひずみは多層膜においてはやや複雑な式を必要とするが、ここでは簡便化のために1層のフィルムを曲げた際の最表面に加わるひずみについて議論する。その値は、下記の式で表すことができる。

$$\varepsilon = \frac{t}{2R}$$

ここで、ε はひずみ、t はフィルムの厚さ、R は曲率半径を表す。この式から、フィルムの厚さが小さくなればなるほど、同じ曲率半径で生じるひずみの量が小さくなることがわかる。このため、デバイス全体の厚さを薄くすることで小さい曲率で曲げてもひずみが発生しにくく、結果高い機械的安定性が実現されることになる。

　フィルムの曲がりやすさ（曲げ剛性）について考えることは曲面に密着しやすいデバイスを実現するために重要である。曲げ剛性は物体の曲げ変形のしやすさを数値化したものであり、下記の式によって与えられる[11]。

$$D = \frac{Et^3}{12(1-v^2)}$$

ここでDは曲げ剛性、Eは材料のヤング率、tは材料の膜厚、vはポアソン比である。材料の膜厚が3乗で効いてくるため、より薄い材料を使用することは曲がりやすさを実現することに重要である。そのため、ポリマーのみを用いて可能な限り薄い有機太陽電池を構成していくことは、曲面との密着性を極限まで向上させることに繋がる。

ウェアラブルエレクトロニクス等の応用を考えると、関節などの可動部においても壊れなくするためにはフレキシビリティだけでなく、ストレッチャビリティがより重要な役割を担う。デバイス全体のストレッチャビリティを上げる方法としての大きな大別は、すべての材料を伸縮性のあるもので構成させる「本質的伸縮性の実現」と、伸縮性がない固いデバイス同士を伸縮性のある配線や基板でつないでいく「島橋渡し構造」の発想に大きく二分される[12]。超薄型有機太陽電池は現状、基板含めて伸縮性を持たない材料群によって構成されているため、極めて柔軟で曲げには強いが、引張歪みには本質的に弱い。そのため、予め引張させたゴムへ貼り付ける等のテクニックによって伸縮性を付与している[13]。そのほか、超薄型有機太陽電池と伸縮性導体配線を接合させることで、引っ張り変形に耐えうる、かつ受光部の変形を最小化させるような構成を実現可能になる。このためには、接合部の応力集中や膜厚の増加を防ぐための接合技術が重要となる[14]。

2. 当研究チームでの取り組み
2.1 接着剤いらずの超柔軟導電接合

電子素子を薄膜化することで、人間の皮膚などの複雑な曲面に対して密着する次世代ウェアラブルデバイスが開発できる。その実用化には、複数の電子素子を集積化できる配線技術・実装技術が重要である。しかし、従来のフレキシブル電子素子同士の配線方法は、導電性接着剤層を介する必要があり、その接着層の厚みによって接合部の剛性が増加するという課題があった。

我々は2μm厚の高分子材料パリレン基板上に蒸着した金電極同士を接着剤無しで接合する技術、「水蒸気プラズマ接合（WVPAB：Water Vapor Plasma-assisted Bonding）」を開発した[14]。金表面に水蒸気プラズマを照射し、大気中で金電極同士を接触させることで、金属結合が生じ、境界面がなくなるほどの強固な結合が実現できる。WVPABを用いて接合した薄膜サンプルの最小曲率半径は0.5 mm未満で、優れた柔軟性を実現した。曲げ半径2.5 mmで1万回繰り返し曲げた後でも、接合した電極の電気抵抗変化は1%未満で、大気中100℃で500時間加熱しても電気抵抗の上昇は観察されなかった。厚さ約3μmの超薄型有機太陽電池と超薄型有機LED、複数の超薄型配線をWVPABにより相互接続し、劣化なく集積化デバイスを実現可能なことを実証した。

第3章　有機薄膜太陽電池モジュールの開発と応用展開

(a)
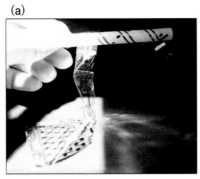
WVPABにより構築した超薄型の有機太陽電池と有機LEDの超薄型エレクトロニクスシステム

(b)
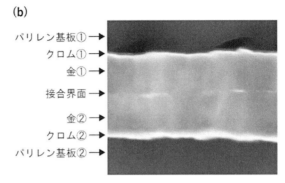
WVPABを用いて接合した金電極の断面のSTEM画像

図4　接着剤要らずの直接導電接合

2.2　再充電可能なサイボーグ昆虫

　サイボーグ昆虫は、人が到達困難な特殊な環境でも長時間活動できる魅力的なロボットであり、都市型捜索救助などの用途が期待されている。サイボーグ昆虫の移動を無線で長時間制御し、環境データを取得するには、10ミリワット（mW）以上を生成できる太陽電池などの環境発電装置が必要である。しかしこのような大電力を発電可能なデバイスを昆虫の動きを損ねないで実装する技術は存在しなかった。

　今回、厚さ4μmの柔軟な超薄型有機太陽電池を、接着剤領域と非接着剤領域を交互に配置する「飛び石構造」で昆虫の腹部背側に貼り付け、再充電と無線通信が可能なサイボーグ昆虫を実現した[15]。厚さ5μm以下のフィルムを飛び石構造で接着することで、昆虫の基本的な動作が損なわれないことを定量的に実証した。生きた昆虫腹部に実装した厚さ4μmの有機太陽電池モジュールは疑似太陽光下で17.2ミリワット（mW）の出力を達成した。この有機太陽電池モジュールを利用して、サイボーグ昆虫実装したリチウムポリマー電池を充電し、無線移動制御モジュールを操作することができた。本成果によって、昆虫の寿命が続く限り、電池切れの心配なく長時間かつ長距離における活動が可能となり、サイボーグ昆虫の用途が拡大すると期待できる。

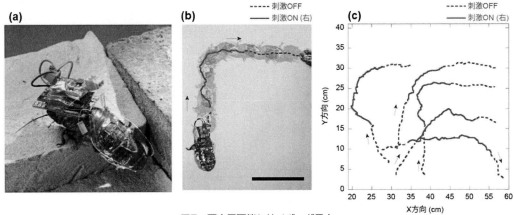

図5 再充電可能なサイボーグ昆虫
(a) サイボーグ昆虫の写真
(b) 再充電可能なサイボーグ昆虫の無線通信による行動制御。多重露光写真とそれに対応する移動の軌跡。青破線と赤実線は、それぞれ刺激信号オフおよびオンのタイミングを表している。スケールバーは10 cm
(c) 5回の移動制御試行の軌跡

おわりに

　超薄型有機太陽電池のエネルギー変換効率は格段に向上し、実用が可能な水準まで到達しつつあるということができる。一方で、安定性に関しては大きな課題を残すため、その改善が必要不可欠である。特に、大気環境下での紫外線を含む強い光を照射した場合の劣化が顕著であり、十分な封止膜を利用することが困難な超薄型有機太陽電池においては、いかにしてその駆動安定性を克服するか、という点は重要な研究課題である。一方で、このような超薄型有機太陽電池は従来のソーラーパネルのように「10年以上屋外の同じ場所に設置し、安定に駆動する」という用途を想定していない。例えば使い捨てのウェアラブルシステムの簡易的な電源のように、ライフサイクルがこれまでの太陽電池に比べて圧倒的に短いスパンの用途が検討されてしかるべきである。このような場合は、安定性の要求水準が大幅に下がる一方、コストがどのくらい許容されるか、という点が産業化の大きな課題になりうる。

　薄さ・軽さという特長は高い単位重さ当たり発電量につながるため、「重さ」が非常に重要視される分野においてその特長を発揮できる可能性がある。サイボーグ昆虫応用で示したような「発生力が限られる小さい生体またはロボットへの装着」は、超薄型有機太陽電池の利点を最大限に活かすことのできる応用例ということができる。

　以上のように、従来の太陽電池の枠組みではとらえることのできない、新しい応用の枠組みやそれを実現するための要求スペックを研究者と産業界が密に議論することによって、超薄型有機太陽電池の未来が大きく広がることになるだろう。

参考文献

1) https://www.nrel.gov/pv/cell-efficiency.html.
2) Gevorgyan, S. A. et al., Adv. Energy Mater. **6**, 1600910(2016).
3) Huang L. Y. et al., Nat. Commun. **12**, 5419(2021).
4) Guo, J. & Min, J., Adv. Energy Mater. **9**, 1802521(2019).
5) Park, S. et al., Nature **561**, 516–521(2018).
6) Fukuda K., Yu, K., Someya, T., Adv. Energy Mater. **10**, 2000765(2020).
7) Zeng, G. et al., J. Am. Chem. Soc. **144**, 8658-8668(2022).
8) Kaltenbrunner, M. et al., Nat. Commun. **3**, 7770(2012).
9) Zheng, X. et al., Energy Environ. Sci. **16**, 2284-22948(2023).
10) Yokota, T. et al., Sci. Adv. **2**, e1501856(2016).
11) Yamagishi, K., Takeoka, S. & Fujie, T., Biomater. Sci. **7**, 520–531(2019).
12) Matsuhisa, N., Chen, X., Bao, Z. & Someya, T., Chem. Soc. Rev. **48**, 2946–2966(2019).
13) Jinno, H. et al., Nat. Energy **2**, 780–785(2017).
14) Takakuwa, M. et al., Sci. Adv. **7**, eabl6228(2021).
15) Kakei, Y. et al., npj Flex. Electron. **6**, 78(2022).

第3章　有機薄膜太陽電池モジュールの開発と応用展開

第3節　農業用ハウスに向けた波長選択型有機太陽電池の開発

大阪大学産業科学研究所　家　裕隆

はじめに

　地球温暖化の影響を抑制するため、温室効果ガス（GHG）を大幅に削減することが世界的な社会課題となっている。世界全体のGHG排出量は約490億トンに達しており、そのうち25％が農業、林業、および土地利用に関連している。日本国内においても、農林業分野で年間約5,000万トンのGHGが排出されており、このうち燃料燃焼によるものが約33％を占めている。日本国内の農業は、95％が重油や灯油などの化石燃料に依存しており、これが大きな環境負荷となっている。

　GHG排出を抑制するためには、再生可能エネルギーの活用が不可欠である。この点から、農業分野では太陽光エネルギーを活用した「ソーラーシェアリング」が注目されている（図1）。ソーラーシェアリングは、日本で開発された技術であり、2013年に農林水産省が運用方針を示して以降、その設置件数は増加傾向にある。実際、2020年には約7,500件、900ヘクタールの農地に導入されている。ソーラーシェアリングでは、主にシリコン太陽電池を用いて発電を行いながら、同時に農作物の栽培も行う。しかし、シリコン太陽電池は重く剛直であるため、設置するためには専用の架台設備が必要である。架台設備に用いる農地面積分は、農作物生産量が減少してしまう。また、透明性を有しないシリコン太陽電池は太陽光を透過しないため、太陽電池パネルの下に日陰を作ってしまう。この影響で日射量が低下し、農作物の生育に悪影響を及ぼすことも課題となる。これらの課題を踏まえると、ソーラーシェアリングは広い農地には適している一方で、本稿の主題である農業用ハウスには不向きである。すなわち、農業用ハウスに適した太陽電池技術を開発することが、農業におけるGHG削減の点から依然として不可欠な状況である。

　一方で、農林水産分野に着目すると、安定した食料供給の確保が世界的な社会課題となっている。2020年における日本のカロリーベースの食料自給率はわずか37％で、これは先進国の中で最低レベルである。さらに、世界の人口増加、地域紛争による農作物の輸入リスク、自然災害による食料供給の不安定性などが生じていることから、食料安全保障の観点から、国内の農業生産を強化する必要性が急激に高まっている。この状況に対して、日本政府は2030年までに食料自給率を45％に引き上げる目標を掲げている。このような状況下で、年間を通じて温度コントロールが可能な農業用ハウスが実現すれば、農作物の収量が増加し、国内の食料自給力が向上すると期待される。一方、農業用ハウスでの栽培では、農作物の収量を増加させるために、栽培密度を高めることが不可欠となる。このような環境下では、シリコン太陽電池によるエネルギー供給は適していない。すなわち、農業用ハウスでの温室栽培においては、より効率的で軽量なエネルギーシステムが求められている。

　以上の背景から、農業用ハウスに設置できる革新的な太陽電池を開発することで、「エネルギーと食料の両方の持続可能な生産拠点」を実現する新たな営農型発電が期待される。

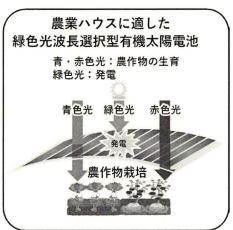

図1　農業用途の太陽電池
(左) シリコン太陽電池と (右) 緑色光波長選択型OSC

1. 有機太陽電池

　有機太陽電池（Organic Solar Cell：OSC）は、軽量で柔軟な性質に加えて、プリンタブルな手法で作製でき、製造コストも比較的安価という特徴をあわせもつ（図2）。また、OSCはロールツーロール方式でのモジュール製造が可能であることから、大規模なモジュール作製に適している。この点から本稿の主題となる農業用ハウス用途では大面積化が不可欠であるので、OSCは最適な太陽電池の位置づけとなる。さらに、廃棄やリサイクルの観点から見ても、シリコン太陽電池に比べて安価で容易である。この特長も農業用途に有利であることから、OSCは次世代の農業用途の太陽光発電技術として期待されている。

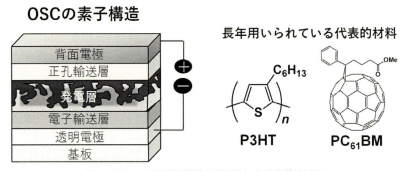

図2　OSCの逆型素子構造と代表的な有機半導体材料

1.1　有機太陽電池の基本構造

　OSCは、透明電極、電子輸送層、発電層、正孔輸送層、背面電極のサンドイッチ構造で構成される（図2）。特に発電層は、ドナーとアクセプターの2種類の有機半導体材料が混合された約100〜300 nmの薄膜で構成される。OSC研究黎明時からの有機半導体材料として、ポリ(3-ヘキシルチオ

フェン）(P3HT) やフラーレン誘導体（PC$_{61}$BM）などが代表的なドナーおよびアクセプターとして使用されてきた。しかし、これらの材料は光の吸収範囲が狭いため、発電効率（Power Conversion Efficiency：PCE）の大幅な向上が難しいという課題があった。最近では、この問題点を克服するために、長波長域の光を吸収できる狭バンドギャップドナーや、非フラーレン型アクセプターが開発されており、シリコン太陽電池に迫る18％のPCEが、小規模なセルサイズの素子で達成されている[1]。

1.2 透過型OSC

OSCが既に実用化されているシリコン太陽電池や高性能太陽電池として近い将来の実用化が期待されているペロブスカイト太陽電池と差別化するためには、OSCならではの特長を活かした新しい機能の開拓が必要である。この点から、OSCに透過性を持たせる試みが注目されている。透過型OSCでは、PCEと平均可視光透過率（Average Visible Transmission：AVT）の積で算出される光利用効率（Light Utilization Efficiency：LUE）が、性能の評価指標として用いられる[2]。透過型OSCは、農業用ハウスへの応用としても注目されている。しかし、農業用ハウスにOSCを搭載することで、発電の点では優れている一方、農作物に必要な光を透過させることが困難である。すなわち、現状の透過型OSCは、波長選択性がなく、農作物の生育に必要な特定の波長の光もカットされてしまう課題がある。すなわち、LUEは波長選択性を考慮しないため、緑色光波長選択型OSCの性能を正確かつ定量的に評価することが困難である。そこで我々は、緑色光波長選択型OSCの性能を定量的に評価できる新たなパラメーターとして、500〜600 nmの緑色光波長選択率（S_G）（図3）を提案した[3]。緑色光波長域のみを吸収する場合のS_Gは1、波長選択性がない場合は0となる。また、緑色光での発電効率が重要となることから、500〜600 nmの緑色光領域での発電効率（PCE-GR）を定義した[3]。

$$S_G = \left\{ \frac{1}{N_G} \sum_{\lambda \in G} (1-T) - \frac{1}{N_{RB}} \sum_{\lambda \in RB} (1-T) \right\} \Big/ \left\{ \frac{1}{N} \sum_{\lambda \in RGB} (1-T) \right\}$$

T ：薄膜の透過率
N_G ：緑色波長域の規格化係数（*i.e.*, 波長 500-600 nm のデータ数）
N_{BR} ：青・赤色波長域の規格化係数（*i.e.*, 波長 400-500 と 600-700 nm の合計データ数）
N ：全波長域の規格化係数（*i.e.*, 波長 400-700 nm の全データ数）

$$PCE-GR = \left\{ V_{OC} \times FF \times \sum_{\lambda \in G} (nPhoton_\lambda \times EQE_\lambda) \right\} \Big/ P_G \times 100 \, [\%]$$

V_{OC} ：OSC素子の開放端電圧
FF ：OSC素子の曲線因子（フィルファクター）
EQE_λ ：OSC素子の各波長における外部量子効率
$nPhoton_\lambda$：太陽光（AM1.5G）の各波長における光子数
P_G ：太陽光（AM1.5G）の波長 500-600 nm の照射エネルギー（15.1 mW cm^{-2}）

図3　波長選択型OSCの評価に用いるパラメーター

1.3　OSCへの機能付与と波長選択性

　農業用途のエネルギー課題を解決するために、OSCに波長選択性を付与する取り組みが考えられる。すなわち、農業用ハウスへの搭載を見据えると、緑色光波長を選択的に発電に利用可能なOSC（緑色光波長選択型OSC）の開発（図1）と、近赤外光を選択的に吸収可能なOSC（近赤外光波長選択型OSC）が有望となる。後者の近赤外光波長選択型OSCが実現すれば、農業用ハウスで近赤外光による熱を抑制しながら発電することが可能となり、さらに断熱効果も期待できるため、温度上昇を抑制する新しいエネルギーシステムが構築できる。本稿では研究進捗が先行している前者の緑色光波長選択型OSCに関する著者らの取り組みについて概説する。

2. 緑色光波長選択型OSC

　植物の光合成を支える主要な色素、クロロフィルaおよびクロロフィルbは、500～600 nmの緑色光の吸収がほとんどない（図4）。これは、光合成において緑色光の寄与が少ないことを示している。したがって、緑色光が農作物の生育には必ずしも必要ではない特性を利用し、農作物の生育に必要な光の波長域（青色光と赤色光）と、発電に適した波長域（緑色光）を効率的に分離することで、太陽光エネルギーの効果的な利用が可能になる。この指針をもとに、著者らは緑色光波長選択型OSCを農業用ハウス用途として開発を行っている。

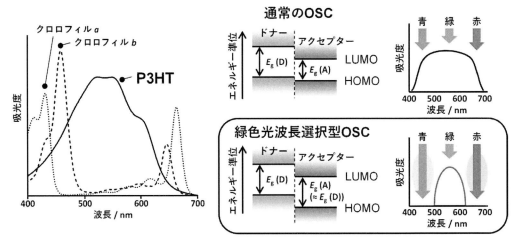

図4　（左）クロロフィルおよびP3HTの吸収スペクトル、および、
　　　（右）緑色波長選択型OSC向けた材料開発の設計指針

2.1　緑色光波長選択型OSCに向けたドナーの選択

　農業用ハウスへの搭載のためには、数百平方メートルスケールに大面積化したOSCが不可欠である。また、国内の大部分の農業用ハウスでは数年おきにフィルム交換が行われることが多い。これらを踏まえると、大スケール、かつ、安価に緑色光波長選択型OSCを作製することが必要不可欠となる。この点から筆者らはP3HTに着目している[4]。P3HTは合成ステップが短いことからkgスケールの合

成も可能であり、有機太陽電池用途の有機半導体としては極めて安価である。さらに、P3HTの薄膜の吸収スペクトルは、緑色光波長に対して選択的な吸収特性を持っている。すなわち、P3HTは、クロロフィルaおよびbの吸収特性と相補的なスペクトル形状を示す。この特性を活用すれば、P3HTをドナーとし、緑色光波長選択的なアクセプターと組み合わせることで、緑色光波長選択型OSCが可能となる。

2.2 緑色光波長選択型OSCに向けたアクセプターの設計指針

有機半導体は、分子構造を精密に設計することで、最高占有軌道（Highest Occupied Molecular Orbital：HOMO）と最低空軌道（Lowest Unoccupied Molecular Orbital：LUMO）のエネルギーレベル、およびこれらの間のエネルギーギャップ（E_g）を調節することが可能である（図4）。この精密な電子物性の調整により、光吸収特性を任意に変更することができ、OSCのPCEにも影響を与える。通常のOSCで高いPCEを達成するためには、可視光スペクトルの広範囲にわたる光を効率的に吸収する発電層の設計が不可欠である。このため、一般的には、ドナーとアクセプターを選定する際に、異なる波長域の光を吸収するように設計する。これに対して、波長選択性を持つOSCを開発するには、特定の狭い波長域の光を選択的に吸収する材料の組み合わせが必要となる。このため、通常のOSCとは異なり、ドナーとアクセプターが同じ大きさのE_gを持つように設計することが重要になる。結果として、特定の波長域の光だけを選択的に吸収し、それ以外の波長を透過させることで、波長選択性を実現するためである。ここで、緑色光波長選択型OSCを実現するために用いるドナーのP3HTは、およそ2.2 eVのE_gを持つ。すなわち、P3HTと同程度のエネルギーギャップを持つ非フラーレン型アクセプターを開発することで、特定の波長の光だけを吸収する緑色光波長選択型OSCを構築することが可能となる[3]。

3. 緑色光波長選択型OSCの開発

3.1 緑色光波長選択的なアクセプター開発

著者らはオリジナルの緑色光波長選択的なアクセプターとして、SNTz-RDを開発した（図5)[3]。この分子は、アクセプター特性の発現が期待できるLUMOレベルとP3HTとの組み合わせに適したエネルギーレベルとE_gをもち、緑色波長域である 548 nm に極大吸収波長を示した。SNTz-RDとP3HTを混合した薄膜の緑色光波長選択性を評価したところ、S_Gは0.44と良好な値を示した。この結果から、SNTz-RDとP3HTの組み合わせが効果的に緑色光を吸収し、OSCとしての適用において優れた波長選択性を有することが期待された。そこで、太陽電池特性を評価したところ、5.8％のPCE-GRが得られた。P3HT：SNTz-RD薄膜が農作物の生育に与える影響を評価するために、イチゴの光合成速度を測定した。その結果、コントロール条件（疑似太陽光を直接照射した場合）に比べると、光の透過率が減少したことに起因して光合成速度が低下した。一方で、典型的な材料の組み合わせであるP3HT：$PC_{61}BM$薄膜より、P3HT：SNTz-RD の方が高い光合成速度を示した。この結果から、発電層に緑色光波長選択性を付与することが農作物生育に有利であると考えられる。

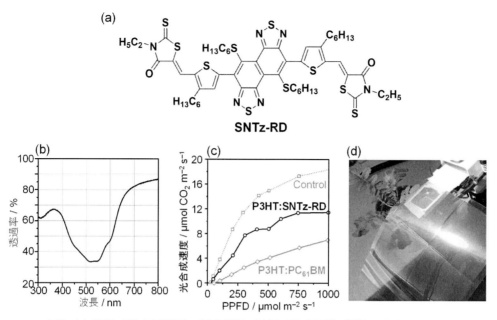

図5 (a) SNTz-RDの化学構造、(b) P3HT：SNTz-RD 混合膜の透過スペクトル、(c) 発電層薄膜の透過光でのイチゴ葉の光合成速度、(d) 光合成速度測定の様子

3.2 アクセプターの波長選択性が光合成速度に与える影響

　緑色光波長選択的な光吸収波長域が光合成速度に与える影響をより精密に調査するため、TT-FT-IDとTT-T-IDを用いて検討を行った（図6）[5]。これら二つの分子は同じπ共役系の主鎖を有しているが、立体構造の特徴によって、主鎖剛直性と混合膜での分子間相互作用の違いが起こるため、透過スペクトルにおいて赤色光域の吸収特性が異なる。P3HT：TT-FT-IDのS_Gは 0.52、PCE-GRは8.6％であり、P3HT：TT-T-IDのS_G（0.45）とPCE-GR（3.2％）より、緑色光波長選択型OSCとして良好な性能を示した。これらの薄膜を用いて、ピーマンの光合成速度を評価したところ、P3HT：TT-FT-IDの方が高い光合成速度を示した（図6）。この結果は650〜700 nmの赤色域の吸収帯の透過率がP3HT：TT-FT-ID薄膜の方が高いことが重要であることを示唆している。すなわち、赤色光の透過が農作物生育に有効であり、緑色光波長選択型OSCの開発に向けて、アクセプターの光吸収波長の精密な調節が農作物生育に重要である。

　著者らは、アクセプターの分子構造修飾がS_Gと光合成速度に及ぼす影響を継続して検証している[6]。緑色光波長選択的な既存のアクセプター FBR[7] および、その末端部位をジシアノ基に修飾したFBRCNとP3HTを混合した薄膜のS_Gはそれぞれ0.59、0.69であった。イチゴを用いて、これらの薄膜の光合成評価を行ったところ、P3HT：FBRCNの方が良好な結果が得られた。一方で、PCE-GRはP3HT：FBRが6.58％であったのに対して、P3HT：FBRCNは3.31％に留まった。この結果から、発電と農作物生育の両方に有効なアクセプター開発が社会実装に向けて重要である。

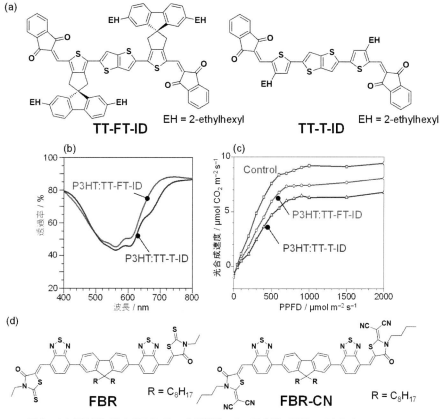

図6 (a) TT-FT-IDとTT-T-IDの化学構造、(b) 混合膜の透過スペクトル、
(c) 発電層薄膜の透過光でのピーマン葉の光合成速度、(d) FBRとFBR-CNの化学構造

3.3 高性能な緑色光波長選択的アクセプターの開発

　アクセプター開発においては電子物性調節の観点から電子求引性部位を組み込むことが有効である。著者らは、典型的な電子求引性部位のナフトビスチアジアゾールに電気陰性度の大きいフッ素原子を導入したジフルオロナフトビスチアジアゾール（FNTz）骨格を設計し、これを組み込んだFNTz-FAを開発した[8]。FNTz-FAは緑色光を選択的に吸収するアクセプターであったことから、緑色光波長選択型OSC太陽電池としての評価を行った[9]。その結果、P3HTとFNTz-FAで構成されるOSCのS_G値は0.59、PCE-GR値は11.7％と高い値を示した。そこで、イチゴを用いて光合成評価を行ったところ、コントロール条件と同等の光合成速度となることが明らかとなった。そこで、10 cm角、および、20 cm角のOSCモジュールの作製を行い、10^{-3} g m^{-2} day^{-1}レベルのバリアフィルムで封止を行った。ガラス基板上に作製した10 cm角のモジュールは、180日後も同等の太陽電池性能を維持していたことから、P3HT、FNTz-FAの有機半導体材料自体は化学的に安定であり、素子作製方法の最適化で長期安定性が可能になると考えている。20 cm角のOSCモジュールを用いて、屋内条件で白色LED照射下でのトマト生育の予備検討を行った。その結果、20週後に105 g（4.4 g/個）が得られ、コントロール条件82 g（2.7 g/個）と同等程度の結果となった。この結果を踏まえて、屋外での農業用

ハウスでの実証試験に向けて、ロールツーロールでのメートルスケールでの太陽電池作製の予備検討を行っており、均質な発電層薄膜を作製することができている。これはP3HT：FNTz-FA膜の良好な製膜性を反映しているものと考えている。今後は、屋外の太陽光照射下での各種の農作物生育実験をモジュールサイズの緑色光波長選択型OSC、および、これと同等の光透過性をもつ波長選択型フィルムを用いて、系統的に農業試験を実施する計画である。

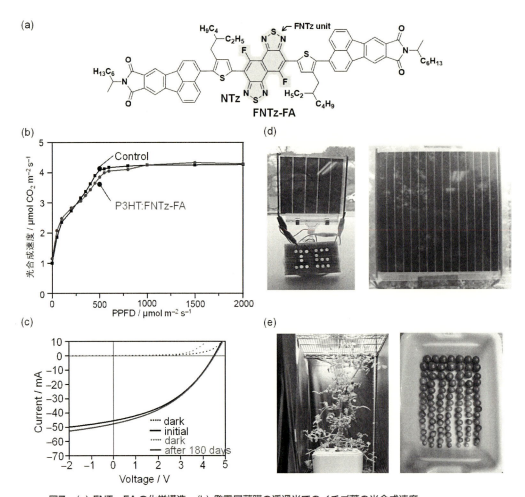

図7　(a) FNTz-FAの化学構造、(b) 発電層薄膜の透過光でのイチゴ葉の光合成速度、
(c) 10 cm角と20 cm角のP3HT：FNTz-FAのOSCモジュール
(d) 10 cm角モジュールの太陽電池特性、(e) 20 cm角モジュール透過下でのトマトの生育試験

おわりに

ハウス栽培における電力創出と農作物生育の両立を目指して、「緑色光を発電に利用し、青色と赤色光を農作物の成長に利用する」ことを目指した緑色光波長選択型OSCの開発について、その背景、材料開発、波長選択性の効果を検証した結果を概説した。農業用ハウスに搭載するので、メートルスケールのモジュールの太陽電池としての性能向上が今後不可欠となる。また、農業用ハウスで栽培さ

れる農作物の品種が多いことから、これらにテーラーメードに適した波長選択性をもつ太陽電池の作製も不可欠であり、高性能なアクセプター材料の系統的開発が急務である。農業利用においては、波長選択型OSC透過光で育つ農作物の収量とその質が重要である。本稿では、光合成測定結果を中心に示したが、農場での農業用ハウスでの実証試験を系統的に行うフェーズに入りつつある。社会実装に向けて、有機半導体材料のスケールアップ、OSCモジュール製造の最適化、農業用ハウスへの搭載方法の検討、発電する電力の使用用途の展開、農業試験、本技術に適した農作物の品種改良が必要であり、産学連携、地方自治体との連携、コンソーシアム形成などを通じて効率的に進めて行くことが重要となる。

謝辞

本稿の研究は科学技術振興機構（JST）未来社会創造事業、NEDO先導研究プログラム、科学研究費補助金、三菱財団のご支援のもと、大阪大学産業科学研究所産業科学ナノテクノロジーセンターのソフトナノマテリアル研究分野で研究開発が行われました。研究開発を担当した教員、研究員、学生にこの場を借りて感謝申し上げます。光合成速度測定とトマトの生育試験は公立諏訪東京理科大学の渡邊康之教授、アクセプター材料の物性解析は、大阪大学大学院工学研究科の中山健一教授と共同で実施しました。関係者の皆様に深く感謝申し上げます。

参考文献

1）Liu, Q.; Jiang, Y.; Jin, K.; Qin, J.; Xu, J.; Li, W.; Xiong, J.; Liu, J.; Xiao, Z.; Sun, K.; Yang, S.; Zhang, X.; Ding, L. "18％ Efficiency organic solar cells." Sci. Bull., 65, 272 (2020).

2）Traverse, C. J.; Pandey, R.; Barr, M. C.; Lunt, R. R. "Emergence of highly transparent photovoltaics for distributed applications." Nat. Energy, 2, 849 (2017).

3）Jinnai, S.; Oi, A.; Seo, T.; Moriyama, T.; Terashima, M.; Suzuki, M.; Nakayama, K.-i.; Watanabe, Y.; Ie, Y. "Green-Light Wavelength-Selective Organic Solar Cells Based on Poly(3-hexylthiophene) and Naphthobisthiadiazole-Containing Acceptors toward Agrivoltaics." ACS Sustain. Chem. Eng., 11, 1548 (2023).

4）Chatterjee, S.; Jinnai, S.; Ie, Y. "Nonfullerene acceptors for P3HT-based organic solar cells." J. Mater. Chem. A, 9, 18857 (2021).

5）Jinnai, S.; Shimohara, N.; Ishikawa, K.; Hama, K.; Iimuro, Y.; Washio, T.; Watanabe, Y.; Ie, Y. "Green-light wavelength-selective organic solar cells for agrivoltaics: dependence of wavelength on photosynthetic rate." Faraday Discuss., 250, 220 (2024).

6）Chatterjee, S.; Iimuro, Y.; Watanabe, Y.; Ie, Y. "Green-Solvent Processed Green-Light Wavelength-Selective Organic Solar Cells Towards Agrivoltaics." J. Photopolym. Sci. Technol., In press (2024).

7) Holliday, S.; Ashraf, R. S.; Nielsen, C. B.; Kirkus, M.; Röhr, J. A.; Tan, C.-H.; Collado-Fregoso, E.; Knall, A.-C.; Durrant, J. R.; Nelson, J.; McCulloch, I. A "Rhodanine Flanked Nonfullerene Acceptor for Solution-Processed Organic Photovoltaics." J. Am. Chem. Soc., 137 (2015) 898.

8) Chatterjee, S.; Ie, Y.; Seo, T.; Moriyama, T.; Wetzelaer, G.-J. A. H.; Blom, P. W. M.; Aso, Y. "Fluorinated Naptho[1,2-c:5,6-c']bis[1,2,5]thiadiazole-Containing π-Conjugated Compound: Synthesis, Properties, and Acceptor Application in Organic Solar Cells." NPG Asia Mater., 10, 1016 (2018).

9) Chatterjee, S.; Shimohara, N.; Seo, T.; Jinnai, S.; Moriyama, T.; Saida, M.; Omote, K.; Hara, K.; Iimuro, Y.; Watanabe, Y.; Ie, Y. "Green-light wavelength-selective organic solar cells: module fabrication and crop evaluation towards agrivoltaics." Mater. Today Energy, 45 (2024) 101673.

第3章　有機薄膜太陽電池モジュールの開発と応用展開
第4節　波長選択型有機薄膜太陽電池のスマート農業応用

公立諏訪東京理科大学　渡邊　康之

はじめに

世界的な人口爆発によるエネルギー不足及び食料危機は今世界が直面している大きな課題である。我が国では、エネルギー安全保障や食料安全保障の観点から、農地へ太陽光発電技術を展開する技術が注目を浴びている。既存技術として、「ソーラーシェアリング」や「営農型太陽光発電技術」が注目されているが、太陽光パネル下の影の影響から、全ての農作物への適用が困難であり、収量が減少する等の課題がある。本稿では、それらの課題に対する解決策として、農作物栽培に必要な光を透過する有機薄膜太陽電池を用いた「ソーラーマッチング」について紹介する。本技術は有機薄膜太陽電池（OPV）の軽量性、柔軟性、意匠性に加えて、波長選択性を有する透光性を活かした新たなコンセプトに基づく試みであり、営農型太陽光発電のように新たに支柱を設置する必要がない農業ハウス等に展開が可能である。さらに、農業現場におけるエネルギーの地産地消を促進し、脱炭素化を図る事に加えて、発電した電力を栽培管理で使用する農業IoT技術等に活用し、作物の栄養価を向上する事も視野に入れたスマート農業への展開を視野に入れている。

1. 営農型太陽光発電とソーラーマッチング

本項では「ソーラーシェアリング」は「営農型太陽光発電」と同義として、以下、農地における太陽光発電を行う既存の方法を「営農型太陽光発電」として表現することにする。

1.1 営農型太陽光発電とその課題

太陽光発電の導入ポテンシャルの高い技術として、農地における太陽光発電を行う方法が注目されているが、言葉としては「ソーラーシェアリング」と「営農型太陽光発電」の両方で表現されており、本項では混乱を避けるために、下記にそれらの技術を時系列で整理する。

まず、「ソーラーシェアリング」とは、2000年代に長島彬氏が発案したのがはじまりであり、「光合成速度における光飽和点の特性により、耕作地や牧草地の剰余の光線から、農産・畜産物とともに電力をも得る方法」という内容で定義されている[1]。また、「営農型太陽光発電」とは、「農地に支柱を立てて上部空間に太陽光発電設備を設置し、太陽光を農業生産と発電とで共有する取組」と農林水産省では定義している（参考資料2)[2]。2013年3月に農林水産省は農地に太陽光パネルを設置するための支柱を農地に立てるための土地面積に対し、一時転用として営農型太陽光発電を認めるに至った（2013年3月）。本稿では「ソーラーシェアリング」は「営農型太陽光発電」と同義として、以下、農地における太陽光発電を行う既存の方法を「営農型太陽光発電」として表現することにする。

一般的な「営農型太陽光発電」では、図1(a)の写真に示すように農地の上に設置した短冊状の太陽電池で発電を行い、各太陽電池の隙間を通り抜けてくる太陽光を用いて農作物栽培を行っている。こ

れは素晴らしいアイデアではあるが、日陰ができてしまうため農作物の収穫量の確保に対して不安が残るだけではなく、重量のある太陽電池を設置するための支柱が必要となり初期投資費用がかかるという課題も残る。

なお、営農型の太陽光発電の導入ポテンシャルは、農地面積に対する太陽電池モジュールの発電量として0.040 kW/m^{2}と算出されている[3]。この値は、太陽電池の評価時に用いられる光照射条件1 sun（1,000 W/m^2）に換算して、エネルギー変換効率を求めると4％に相当する事になるため、図1(b)に示したソーラーマッチングで使用する有機薄膜太陽電池のエネルギー変換効率のベンチマークとなる値である。

(a) 営農型太陽光発電
　農地に太陽光パネルの影ができるため、
　農作物の減収が課題

(b) ソーラーマッチング
　農地に太陽光パネルの影ができないため、
　農作物の収量を確保

図1　既存の営農型太陽光発電と新たに提案しているソーラーマッチング

1.2　ソーラーマッチング

本項では、上記で述べた営農型太陽光発電における課題を解決するソーラーマッチング[4-10]において、太陽光発電と農作物栽培の両立を可能とする原理について説明する。また、その原理を理解するために欠かせない農作物栽培に必要な光の量、光の波長について解説する。なお、ソーラーマッチングに関しては、筆者が2010年から研究を遂行しているが、近年では海外でも有機薄膜太陽電池の農業応用に関して報告[11,12]がされている。

1.2.1　ソーラーマッチングの原理

図2に本研究室で2010年より提案している「ソーラーマッチング」のコンセプトを示す。この図では、太陽光を有機薄膜太陽電池による発電とその透過光を用いて植物栽培を行うシステムを表している。これは、植物栽培にあまり寄与しない紫外光、緑色光、赤外光で発電し、植物栽培に必要な光である青色域と赤色域の光を透過する有機半導体材料を用いることで可能となる新たなコンセプトに基づくものである。さらに、以下1.2.2及び1.2.3に記す2点が主なポイントになる。

図2　太陽光発電と農作物栽培を両立する「ソーラーマッチング」の原理

1.2.2　農作物栽培に必要な光強度と発電に利用する光量

　農作物の光強度と光合成速度の関係を表したものを光－光合成曲線といい、図3に示す。光強度に対して光合成速度が比例するかのように増加する光飽和点以下の領域と光強度に対して光合成速度が一定となる光飽和点以上の領域とに分けることができる。つまり、この図から農作物の光合成には光飽和点以上の光強度は必要がないことがわかる。勿論、光－光合成曲線のデータは農作物が果菜類か葉菜類等の種類によってことなることは言うまでもなく、表1のような傾向があるが、詳細は、植物生理学や農学、園芸学の教科書を参照されたい。これらのデータから言える重要な点は、光飽和点以下の光を植物の光合成に利用し、残りの光飽和点以上の光を太陽光発電に利用することができれば太陽光エネルギーを農作物栽培と太陽光発電の両方に利用することが可能となることを示唆している事である。

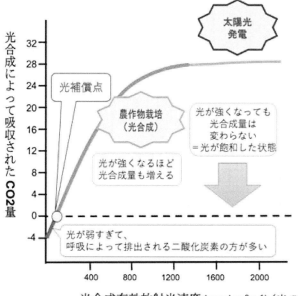

図3　光－光合成曲線

表1 各光条件に対する作物の種類の傾向

光条件	光飽和点	作物
強い光を好む	$840\ \mu mol\ m^{-2}s^{-1}$以上 $210\ Wm^{-2}$以上 50 klxs 以上	メロン、スイカ、カボチャ、キュウリ、トウモロコシ、ナス、ピーマン、トマト、サトイモ、ショウガ、ニンジ
中程度の光で よく育つ	$450 \sim 840\ \mu mol\ m^{-2}s^{-1}$ $112 \sim 210\ Wm^{-2}$ $26 \sim 50$ klxs	キャベツ、ハクサイ、イチゴ、エンドウ、インゲンマメ、カブ、ネギ
弱い光でも育つ	$220\ \mu mol\ m^{-2}s^{-1}$以下 $56\ Wm^{-2}$以下 13 klxs 以下	ミツバ、ミョウガ、フキ、シソ、セリ、ウド、レタス、シュンギク

1.2.3 農作物栽培に必要な光波長と発電に利用する光波長

図4に光合成色素クロロフィルと有機薄膜太陽電池の吸収スペクトルを相対的に比較したものを示す。光合成色素には様々な種類があり、代表的なものにクロロフィル、カロテノイド、そしてフィコビリンがある。クロロフィルとカロテノイドは多くの光合成生物に含まれるが、フィコビリンは紅藻やシアノバクテリアなどの一部の藻類しか含まれない。ここでは、陸上植物である農作物の葉に含まれる代表的な光合成色素であるクロロフィルaとクロロフィルbに着目すると、400～500 nmの青色域と600～700 nmの赤色域は植物が光合成を行う上で重要であることがわかる。これらの両方を比較すると太陽光の緑色光領域が農作物の光合成にとってあまり利用されていないことがわかる。そこで、本研究では植物の成長にあまり寄与しない緑色域を太陽光発電に利用可能な有機薄膜太陽電池を開発し、残りの青色域と赤色域を植物栽培に有効に利用することで、農作物栽培と太陽光発電を両立可能であることを想定し研究を遂行している。

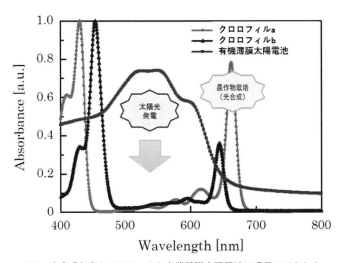

図4 光合成色素クロロフィルと有機薄膜太陽電池の吸収スペクトル

2. ソーラーマッチングの評価法

2.1 光合成速度の原理と測定方法

本研究で用いたOPVが太陽光下に設置された場合、その透過光における農作物栽培の可能性を定量的に評価するため、図5に示すような二酸化炭素ガス交換システムを用いた同化箱法により光合成速度の測定を行った。図5(a)の同化箱法とは、透明な密閉容器の中に測定対象となる生きた状態の葉を入れ、光強度に対する葉の二酸化炭素吸収量を測定する評価法である。この評価法を用いて光合成速度を測定する場合、光強度については、単位面積に単位時間に到達する光合成有効放射（400～700 nm）における光子の数で定義された光合成光子束密度（Photosynthetic Photon Flux Density：PPFD）、葉の二酸化炭素吸収量は単位時間に単位面積当たりのモル数を用いる。図5(b)に本研究で用いた光合成速度の測定機を用いた測定の外観を示す。

OPVの疑似太陽光下における透過光に対する光合成速度を測定し、植物に疑似太陽光を直接照射したコントロールの場合と比較した。ここで、疑似太陽光の出力は光合成に必要とされる400～700 nmの波長範囲に含まれる単位時間、単位秒あたりに照射された光量子量を基軸とした単位であるPPFDをもとに決定した。おおよそPPFDで2,000（$\mu mol/m^2/s$）の値が1 sun（1,000W/m^2）に相当するといわれているため、今回は入射光を0～2,000（$\mu mol/m^2/s$）の範囲で変化させ、各条件における農作物の葉の二酸化炭素吸収量から算出される光合成速度（$\mu mol/m^2/s$）を測定した。なお、本光合成測定における疑似太陽光光源として、OPVの発電特性を評価する際に使用するソーラーシミュレーターと同等の放射光スペクトルを有する人工太陽照明灯（セリック株式会社製、XC-500EFSS）及び、光合成測定機として植物光合成総合解析システム（メイワフォーシス株式会社製、LI-6800）を用いて行った。

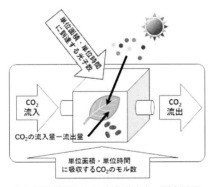
(a) 同化箱法による光合成速度の測定原理

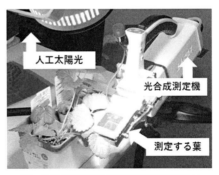
(b) OPV透過光条件下における苺の葉に対する光合成測定時の様子

図5 同化箱法の測定原理と光合成速度測定実験の外観

2.2 光合成測定の結果

OPVを透過した光が農作物栽培に与える影響を定量的に評価するため、下記の2つの条件において葉の光合成速度を測定する事を目的に実験を行った。図6(a)に光合成測定を行う際に、疑似太陽光に対してOPVを用いずに葉に直接光を照射した場合（OPV無透過光：Control）と疑似太陽光と葉の間

にOPVを設置し、OPVの透過光を葉に照射した場合（OPV有透過光：発電層のみ）の概略図を示す。これら2つの条件下において、疑似太陽光に対してOPV有と無の場合における光合成速度の測定結果を図6(b)に示し、OPV（P3HT：PCBMを活性層とした場合、P3HT：FNTzを活性層とした場合）の透過光に対する光合成速度の入射光強度依存性に対して、コントロールの場合と比較した。

　まず最初に、P3HT：PCBMを活性層としたOPVとコントロール条件から得られた結果より、コントロールにおける光合成速度は光量子束密度が600（$\mu mol/m^2/s$）付近までの変化に対しては線型的に増加するものの、600（$\mu mol/m^2/s$）以上高くなると飽和する。まず最初に、P3HT：PCBMを活性層としたOPVとコントロール条件から得られた結果より、コントロールにおける光合成速度は光量子束密度が600（$\mu mol/m^2/s$）付近までの変化に対しては線型的に増加するものの、600（$\mu mol/m^2/s$）以上高くなると飽和する。したがって、晴天時では光合成に対して必要以上の光強度が得られると考えられ、余剰となる光エネルギーをOPVによる発電に活かすことが可能であると考えられる。この600（$\mu mol/m^2/s$）以降の光合成速度の飽和はOPVの発電層の透過光に対しても見られ、これにより、OPVのもとでの農作物栽培でも十分な光量が得られていると推測できる。飽和領域において、コントロール条件下での光合成速度に対するOPV発電層の透過光に対する光合成速度は約80％程度にとどまってしまったが、この差が実際の農作物栽培にどの程度影響するかについては今後の検討事項である。

　一方、P3HT：FNTzを活性層としたOPVとコントロール条件から得られた光合成速度における比較では、飽和点とみられる600（$\mu mol/m^2/s$）以降、コントロールとほぼ同等の光合成速度が得られており、P3HT：FNTz OPVの透過光が光合成に及ぼす影響はP3HT：PCBM OPVのそれに比べて低いと考えられる。

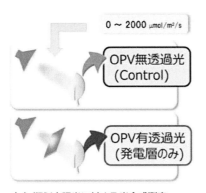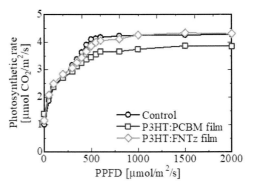

（a）疑似太陽光に対する光合成測定
　　（OPV無透過光：Control）とOPV透過光
　　（に対する光合成測定の条件

（b）疑似太陽光に対する光合成速度の測定結果
　○：OPV無透過光（Control）
　□：OPV透過光（P3HT：PCBMで作製したOPV）
　◇：OPV透過光（P3HT：FNTzで作製したOPV）

図6　光合成速度測定の光環境条件とOPV発電層の透過光に対する光合成速度測定結果

3. ソーラーマッチングの実証研究
3.1　屋内栽培

　OPVの透過光を用いた農作物栽培の実証を行う際、光源と農作物の間にOPVを設置した場合と設置しない場合において、農作物に照射される光環境の違いが農作物栽培に与える影響について検討をする必要がある。具体的には、本研究では屋内において、図7(a)に示すように、温度や湿度等の変化がない農作物栽培環境条件において、高輝度白色LEDを光源として用い、赤色OPV、緑色OPV、青色OPVの透過光が農作物（トマト等）の栽培に与える影響について検討を行っている。その結果、トマト栽培においては、収穫量やトマトの匂いや成分に違いが見られる結果を得ているが、どの光の波長が農作物の光合成や代謝にどのように影響を与えるかについては検討中である。最近では、モデル植物のシロイヌナズナを用いた実験も行っており、ゲノムレベルからの解析を目指しているところである。

　一方、本研究では屋内において、図7(b)に示すように自然太陽光下において赤色OPVを用いてサンチュの栽培実験を行った。栽培収穫データとしては、根長（cm）、根の乾物量（g）、葉長（cm）、葉の新鮮重（g）、葉の枚数、糖度（％）を取得した。これらの結果から、OPV透過光におけるサンチュの収穫量に関係する数値の全てにおいて、一般的に用いられる濃ビ透過光によるサンチュの栽培実験の場合と比較して顕著な違いは見られなかった。

　(a) 高輝度白色LED下における赤色OPV、　　　(b) 自然太陽光下における赤色OPVを用いた
　　　緑色OPV、青色OPVを用いた栽培実験　　　　　　栽培実験

図7　高輝度白色LED及び自然太陽光を用いた屋内でのソーラーマッチング実証

　なお、上記の栽培実験に用いたOPVの設置条件の外観を図8(a)に示す。大学内のガラス窓の内側に設置した水耕栽培機の東面、南面、西面にOPVを設置し、正午前後の時間帯において、東面、南面、西面にガラス窓を通してOPVに照射される太陽光に対しての発電特性を測定した。その際、OPVは光透過性があるため、表面（太陽光側）と裏面（農作物側）の両面からの光の影響があることが予想される事から農作物（サンチュ）からの反射、散乱等の影響があまりないと思われる育苗時期の農作物が小さい時に太陽電池の発電測定を試みた。その時の結果を図8(b)に示す。OPVの南面、東面、西面の順番で発電量が高い結果が得られた。これらの結果は、正午前後では東面と西面の両方に比べ、南面における太陽光照射量が一番高いためだと思われる。この時のOPVの変換効率は、4.9％であり、上記で述べた営農型の太陽光発電の導入ポテンシャルとしてのベンチマークの変換効率4％を上回るデータである。

 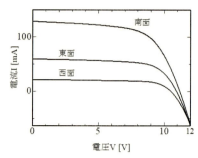

(a) 自然太陽光下の屋内に設置した赤色OPVの外観　　(b) 自然太陽光下の各方角面に設置した赤色OPVの発電特性

図8　屋内栽培においてソーラーマッチング実証に用いたOPVの発電特性

3.2　屋外栽培

屋内栽培のソーラーマッチングに関する実証実験結果では、OPV透過光においてもサンチュ等の栽培可能性を見出し、さらに、OPVの発電量においても従来の営農型太陽光発電の導入ポテンシャルを上回る発電特性が得られた。しかしながら、屋内という温度や湿度等の環境が制御された条件での結果であるため、屋外の実証に向けて検討を重ねる必要がある。まず、屋外栽培では、図9(a)に示すように、太陽光利用型植物工場を勘案したガラス温室での実証を行っている。OPVの透過光を用いた農作物栽培の実証を行う際、光源と農作物の間にOPVを設置した場合と設置しない場合において、農作物に照射される光環境の違いが農作物栽培に与える影響について検討をする必要がある。紙面の都合上、ガラス温室での実験結果についての詳細は述べないが、昨年度、長野県産のサマーリリカル（イチゴ）を用いた栽培実験をスタートしている。本稿では、図9(b)に示した屋外に設置したビニールハウスでの農作物栽培結果について以下に詳述する。

赤色OPVモジュールを用いたソーラーマッチングの実現可能性を屋外栽培において検証するため、表2に示すように、根菜（ジャガイモ）、葉茎菜（ほうれん草）、果菜（トマト）のハウス栽培実験を行った。その結果、表2(a)に示すように、赤色OPVモジュールを通した太陽光で栽培したほうれん草、ジャガイモの収穫量がOPVなし（従来の透明ビニールハウスを用いた場合）に比べて収穫量が約20％も向上した。さらに、このほうれん草について、栄養分析を行った。その結果、OPVモジュール下で栽培することで、βカロテン、ビタミンA1の値が多くなることを解明した（表2(b)）。これらの結果は、OPVモジュールの色調を調節することで、栽培する農作物の栄養成分も精密にコントロールできることを示唆している。

第3章 有機薄膜太陽電池モジュールの開発と応用展開

（a）ソーラーマッチング実験用ガラス温室

（b）ソーラーマッチング実験用ビニールハウス

図9　ガラス温室及びビニールハウスを用いた屋外でのソーラーマッチング実証

表2　ビニールハウスにおけるソーラーマッチング実証結果

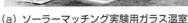

(a) 収穫量の比較

	OPVあり	OPVなし	OPVあり/なし
ジャガイモ	5460 g	4570 g	119% UP!
ほうれん草	749 g	642 g	117% UP!
トマト	2386 g	2595 g	92%

(b) ほうれん草の栄養分析評価

	OPVあり	OPVなし
糖度/%	3.5	3.5
βカロテン/μg/100g	1600 UP!	1100
ビタミンA_1/μg/100g	140 UP!	91
ビタミンC/μg/100g	5000	7000

4. スマート農業応用に向けた検討

4.1　環境制御による農作物栽培の収穫量及び栄養成分向上

　上記では光環境（光量、光質）が農作物栽培に与える影響について光合成速度の観点から考察してきたが、光合成に直接関与する環境要因としては、図10(a)に示すように、A（光量、光質）、B（温度）、C（CO_2濃度）、D（湿度、風量）、E（養分吸収）などがある。これら光合成環境要因の光合成速度に対する影響を見るためには、例えば、CO_2濃度の影響を見る場合であれば、図10(b)に示すように、他の環境要因を最も適当な条件にし（または飽和条件、例えば、温度を一定にして）、CO_2濃度を変えてそれぞれのCO_2濃度でのCO_2固定量を測定する。このような実験を通してCO_2固定量が最大になるCO_2濃度を測定することでその農作物についての飽和濃度を求めることができる。また、図10(c)に示すように、CO_2飽和濃度の条件で温度を変えてCO_2固定量を測定し、それが最大になる温度を求めることもできる。この様にして光合成の環境要因の濃度や照度を変えることによってCO_2固定

量が最大となる飽和環境条件を決めることができる。これらの環境要因の飽和濃度、照度やそれを測定するときに得られた、各濃度、照度でのCO_2固定曲線から、実験に用いた農作物のCO_2固定様式（C3、C4タイプ）、光呼吸の有無などを推定することができる。実際のデータについては植物生理学の教科書、例えば、桜井ら：植物生理学概論（2008）、培風館、などをご覧いただきたい。

さらに、農作物の中では、上記で述べた光合成産物を「二次代謝産物」とよばれる香気成分や味成分、栄養成分（糖やアミノ酸）など、多彩な天然有機化合物を作るのに利用している。我々人間は、これら二次代謝産物をその生活中で、野菜を代表する食品、さらには医薬品、香料、染色色素等々、様々な面で活用している。現在、我々の研究グループでは、この光合成代謝制御メカニズムの解明に向けて、多様な代謝物を網羅的に調べることができるメタボローム解析を行う準備を進めている。

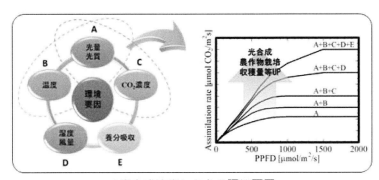

(a) 光合成速度に与える環境要因

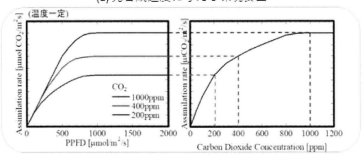

(b) 温度一定条件下で二酸化炭素濃度が光合成速度に与える影響

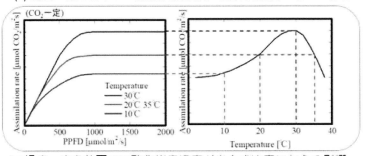

(c) 温度一定条件下で二酸化炭素濃度が光合成速度に与える影響

図10　農作物栽培に与える環境要因と光合成速度

4.2 ソーラーマッチングによるスマート農業への実現性検討

　図11に示すイチゴ栽培用ハウスを例にとって、以下にOPVの一日における発電量を試算する。ハウスの1棟分の大きさを、縦50 m、横42 mと仮定すると、設置面積は50 m×42 m = 2,100 m^{2}となる。例えば、平均日射量を1 kW/m^2、日照時間を6時間と仮定し、OPVの発電効率を3%とすると、1日あたりの発電量は、1（kW/m^2）× 6（h）× 2100（m^2）× 0.03 = 378（kWh）と計算される。次に、表3に示すイチゴ栽培におけるスマート農業化に必要な電力として、ハウス内の温度を制御するハウスカオンキ、ハウス内に光合成を促進するために二酸化炭素を導入する光合成促進機等々の項目が挙げられるが、上記で述べた1日の発電量378（kWh）をこれらの最大消費電力で割り算する事により、表3で示した運転可能時間を求められる。以上より、各項目で数100時間以上の運転時間が確保できる計算になるが、これらの値は平均日射量を1 kW/m^2、日照時間を6時間と仮定して得られた値であり、日本では1日の平均日射量が3.5 kWh/m^{2}程度であることから考えると、表3で示した運転可能時間の半分以下になる場合が想定され、日本の場合は四季があるため、季節によっても発電量は異なる。しかしながら、表3で示した通り、OPVをハウスの上面に設置し、太陽光発電とイチゴ栽培を両立し、スマート農業化に必要な電力は十分賄える可能性が高い。

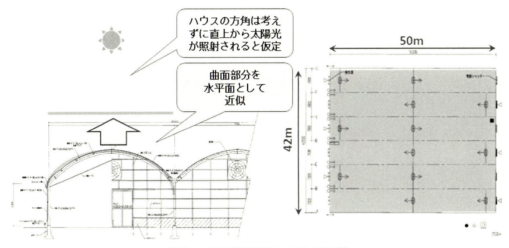

図11　イチゴ栽培用スマートハウスの例

表3　イチゴ栽培におけるスマート農業化に必要な電力

項　目	最大消費電力	補　足	運転可能時間
ハウスカオンキ　27V型	2.4 kW	HK6027	157 時間
光合成促進機　グロウウエア	705 W	CG-854T2	536 時間
吸気口専用電動シャッタ	40 W	TSA100	9,450 時間
アキュムレータ付低圧給水装置	2.2 kW	GS3-506CE2.2B	171 時間
電磁弁RSV型	3 W	RSV-40A	126,000 時間

4.3 ソーラーマッチングによるエネルギーマネジメントシステム開発

以下では、ソーラーマッチングを用いたスマート農業への基礎研究と将来展望に述べる。図12に示す構想の下、ソーラーマッチングに適した蓄電システム（ソーラーマッチングエネマネシステム：図12(b)）を実現するために、安価でOPVの多点計測が可能なI-Vカーブ測定機（図12(a)）を作製し、OPVの設置場所において異なる光環境下の発電特性を評価した。本実験で作製したI-Vカーブ測定機は電子負荷方式でMOSFETを用いた測定機であり、本実験の条件下において既存製品と最適動作電力を比較した際には誤差が約1％であった。また、部品価格の合計は約6,000円と安価である。OPVの設置場所における平均放射照度は異なり、快晴日において西側と東側に設置したOPVは昼間に比べ、朝方と夕方で放射照度が上昇していた。また、快晴日の12：00における発電特性から本実験で用いた5つのOPVを並列に接続した際に電流が逆流しない程度に発電していたことが確認できた。以上のことから既存製品と比べ安価な測定機を農地や建築物などで活用し、OPV発電特性を調べることで正確に発電電力量を計測することが可能である。さらに、本多点測定技術は、農業ハウスだけではなく窓発電や電気自動車に設置した次世代太陽電池の多点測定にも応用が可能である。今後は、実験結果を基に蓄電システムを作製し、長期間の動作実験を行うことで、OPVの劣化具合や発電した電力を用いて植物の育成環境を測定することでソーラーマッチングの実現に向けて検討する予定である。

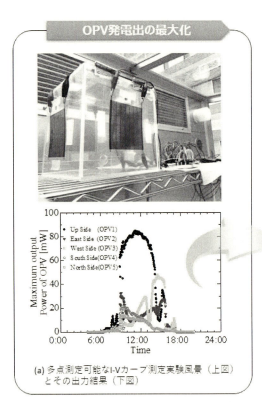
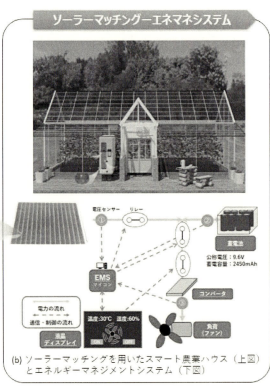

図12 ソーラーマッチングを用いたスマート農業への基礎研究と将来展望

おわりに

　本稿では、有機薄膜太陽電池を活用した農作物栽培と太陽光発電を両立するソーラーマッチング技術に関して、従来の営農型太陽光発電における課題解決の糸口を探りながら、光合成測定を用いた独自のソーラーマッチングの評価法及び屋内栽培や屋外栽培における実証研究について紹介してきた。今後は、エネルギー安全保障や食料安全保障の観点に加え、我が国の少子高齢化社会における農業従事者の減少問題の解決も見据え、有機薄膜太陽電池の開発を通して、エネルギー自立型ソーラーマッチングシステムを用いた「アクティブ農業」を日本初で世界に発信して行きたいと願うばかりである。

参考文献

1) 長島彬、日本を変える、世界を変える！「ソーラーシェアリングのすすめ」、リックテレコム (2015)

2) 農林水産省　大臣官房　環境バイオマス政策課　再生可能エネルギー室、営農型太陽光発電について、農林水産省ホームページ (2024)

3) 環境省地球温暖化対策課、我が国の再生可能エネルギー導入ポテンシャル、環境省ホームページ (2022)

4) 渡邊康之、"太陽光から電気、食糧、燃料を作る、シースルー有機薄膜太陽電池の開発"、「光合成研究と産業応用最前線」(2-6-1)、エヌ・ティー・エス出版 (2014)

5) 渡邊康之、"有機薄膜太陽電池を用いた発電するビニールハウスの取り組み事例〜異業種からの参入事例集／ビジネス性の考察と将来展望〜"、「アグリビジネス新規参入の判断と手引き」(7-11)、情報機構 (2016)

6) 渡邊康之、"シースルー有機薄膜太陽電池の開発と植物栽培システム"、技術情報協会　エネルギーデバイス2016年8月号

7) N. Ohashi, S. Nishizawa, T. Momose, K. Kuwano, S. Kobayashi, Y. Watanabe, Plant Cultivation with the Solar Matching Method by Using Semi-transparent Organic Photovoltaics, Proceedings of JSES/JWEA Joint Conference 461-462 (2016)

8) Yasuyuki Watanabe, Greenhouses to generate electricity using Semitransparent Organic Photovoltaics, Journal of Japan Solar Energy Society 45.4 16-22(2019)

9) Seihou Jinnai, Ayumi Oi, Takuji Seo, Taichi Moriyama, Masahiro Terashima, Mitsuharu Suzuki, Ken-ichi Nakayama, Yasuyuki Watanabe, Yutaka Ie,Green-Light Wavelength-Selective Organic Solar Cells Based on Poly(3-hexylthiophene) and Naphthobisthiadiazole-Containing Acceptors toward Agrivoltaics,ACS Sustainable Chemistry & Engineering 11(4) 1548-1556 (2023)

10) Seihou Jinnai, Naoto Shimohara, Kazunori Ishikawa, Kento Hama, Yohei Iimuro, Takashi Washio, Yasuyuki Watanabe and Yutaka Ie, Green-light wavelength-selective organic solar cells for agrivoltaics: dependence of wavelength on photosynthetic rate, Faraday Discuss 250, 220-

232(2024)
11) Shi. H, Xia. R Zhang. G, Yip. H. L, Cao. Y, Spectral Engineering of Semitransparent Polymer Solar Cells for Greenhouse Applications, Advanced Energy Materials 9.5 1803438(2019)
12) Liu. Y, et al, Unraveling sunlight by transparent organic semiconductors toward photovoltaic and photosynthesis, ACS nano, 13.2 1071-1077(2019)

第3章　有機薄膜太陽電池モジュールの開発と応用展開

第5節　シースルー有機薄膜太陽電池（OPV）のプロセスと実用化動向

株式会社MORESCO　矢野　淳一

はじめに

　2021年の4月に当時の菅総理が温室効果ガスの削減目標を2013年度対比2030年で46％削減、2050年カーボンニュートラルと、より高く設定した。各機関・企業ではその目標への追随のために、各種再生可能エネルギー活用の検討を一層推進してきている。太陽電池は再生可能エネルギーの中の最たる位置づけであるが、FIT制度で推進されたシリコン系太陽電池については、導入当初から期間が経ち、製品の価格競争、廃棄物処理問題等、各種課題が顕在化している。そのような中、現状では、とりわけペロブスカイト型太陽電池（PSC）等有機系太陽電池の研究開発が推進されている。有機薄膜太陽電池（OPV）はその陰に隠れている印象があるが、OPVならではの利点がある。本節ではそのOPVのプロセスや実用化動向について述べる。

1. OPVの歴史・背景

　有機薄膜太陽電池（OPV）については、1986年にイーストマンコダック社のTangらがプロトタイプを発表し[1]、1995年Heegerらによる溶解性のフラーレン誘導体を用いたバルクヘテロ接合提案[2,3]を経て（発電効率約1.5％）、2005年頃小セルで発電効率約5％に到達し、2016年にはHeliatek社がタンデム構造で13.2％に到達している。その後研究は進み、2024年に入るころには小セルでは19.9％、モジュールでは、14.46％に到達しているとの情報がある[4,5]。

　OPVでは発電層におけるエキシトン形成後にドナーアクセプター界面への移動と電荷分離が必要であるが、移動可能距離が短い中、バルクヘテロジャンクションの構造の発明により、実用レベルの発電効率に到達することができ、実用化への動きが進んできたと考えられる。

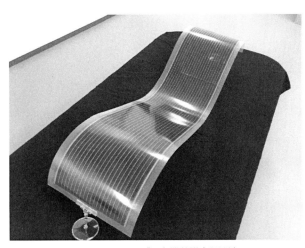

図1　フレキシブル有機薄膜太陽電池

2. OPVの現状

　OPVはすでに世界各地で導入の実績がある。海外では政府等、国や機関による導入への後押しも大きいように思われ、その結果、ミラノ万博ドイツパビリオン、ドバイ万博オランダパビリオン、アディスアベバ・アフリカ連合平和・安全保障ビル、ノバルティスメディアセンターなどへ大規模な設置もなされてきた[6]が、現状では、まだ、一般消費者が自然に購入するフェーズには到達していないと認識している。ただし、OPVは実際に市場で購入可能なモジュールとして存在し、昨今盛んに研究や実証試験が進んでいるペロブスカイト型太陽電池（PSC）に先んじて、現実の環境での実証や導入が進んできた。

　弊社では、2010年初頭から専用の封止材、そしてOPVのモジュールの開発を続け、2018年から一部販売を開始し、6年ほど経過している。そのため、OPVとしては実用化検証終了のフェーズに至っていると認識している。

　なお、OPVについては後述のとおり、一般の結晶シリコン系太陽電池（以下、シリコン太陽電池）に対して、発電効率では劣っていることから、シースルーかつフレキシブルとすることにより市場としてシリコン太陽電池とは別の市場に展開しなければ、存在させる意味がないと考えており、シースルー・フレキシブルであることを前提として考えている。

3. シースルー・フレキシブルOPVの性能

　シースルーOPVの現状の性能は発電効率にすると透明電極側で5～6％程度であり、対向電極側ではそれより少し劣る状況である。先に述べたようにセルレベルの最大発電効率は19％を超えており、その高い発電性能が実用レベル品（モジュール状態での性能、および、コスト）に落とし込めるかが課題となっている。

　セルに対してモジュールが（著しく）低い理由は、現在の使用材料が発電効率10％未満、8％程度の材料を使用しているためであり、大気下で使うことができ、かつ、Wet方式で成膜可能な材料として、現時点では現行材料が最もバランスがよいと認識している。

　発電効率を上げていくためには、アクセプターの脱フラーレン化、フルWet化、大気下プロセス対応、大面積化（R2Rプロセス：ロール・トゥ・ロールプロセス）などが課題である。大気下プロセスにすることで、不活性ガス内、真空内といった設備導入コストの償却によるコストアップを解消することができる。フルWet化することにより非真空プロセスとなり、大面積化やR2R化がしやすくなる。大面積化できると一度に大量に素子を作製でき、材料運用面の効率化が望める。アクセプターの脱フラーレン化については、非フラーレン系アクセプターの適用が光の吸収波長を拡大させる傾向につながることから高効率化には有望であるが、現状ではフラーレン系の方が耐久性は高い傾向にある。

表1　320×260 mm モジュールのスペック

Light receiving surface[※1]		TCFside (Front)	Metal side (Back)
spec	Voc	16.4 V	16.0 V
	Isc	246 mA	139 mA
	FF	0.56	0.55
	Pmax	2.3 W	1.2 W
	Vmax	11.7 V	12.1 V
	Imax	190 mA	101 mA
	cell　η[※2]	5.1%	2.8%

※1 LED400～800 nm
※2 Cell η was calculated based on the effective area（セル変換効率は有効面積基準で算出）

4. OPVの特長

OPVの特長について、そのメリットは薄い、軽い、半透明だけではなく、環境面への優位性や意匠付与性、波長選択性（発電層色の多色性）などOPVならではの特長があげられる。

環境面では、製造時におけるCO_2の排出量がシリコン太陽電池よりも少なくCO_2ペイバックタイムもシリコン太陽電池より短い[7,8]など、サスティナブルな社会に貢献できる太陽電池であるといえる。

また、波長選択性については、大阪大学の家教授、公立諏訪東京理科大学の渡邊教授らが研究されている農業分野への適用性について、太陽光の波長のうち、生物の生育に適した波長の光をスルーし、生育にさほど必要としない波長の光を発電に活用するといった考え方のソーラーマッチング[9]をビニルハウス等の農業ハウスに適用して、光も得つつ、発電もできるということで、電力調達が難しいケースがある耕作地などにおいて電力のニーズに応える、地産地消の、OPVならではの適用法と考えられる。

5. OPVの製法

OPVの製法については、シースルー・フレキシブルとしていくために、樹脂フィルムを基材としたR2RによるWet法成膜のプロセスが望ましいと考えられる（図2）。

当社ではロール状のフィルムに対し、R2Rでのダイコート、スクリーンコートにより印刷する手法で成膜している。また、パターニングに対しては、くし形のシムを装着したダイコート、あるいは、全ベタ印刷後のレーザー加工により付与している。上述の意匠性付与に繋げる自由度のあるデザインについては、これらのR2Rレーザーパターニングやスクリーンコートにより付与することが可能である。

  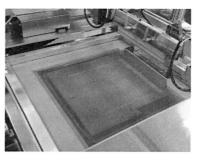

ダイコート部　　　　　　　　レーザースクライブ　　　　　　　スクリーンコート部

図2　Wet法でのOPV製造装置

6. シースルーOPVの実用化（導入）状況

以下にいくつか導入の実例を紹介する。

図3　南三陸さんさん商店街のOPV　　　　　　　　図4　山形INOELのOPV

図5　大丸神戸店のOPV　　　　　　　　　　　　図6　OPV可動パネル

　南三陸さんさん商店街での実証実験から開始、屋外試験の指標となる11枚での設置となるが、それらの出力により、太陽電池による充電可能なバッテリーに充電され、電子ペーパーの動力用電源等

で使用されている（図3）。

山形大学有機エレクトロニクスイノベーションセンター（INOEL）では8枚のOPVを西側窓の屋内に設置している。現地環境（日射、気温等）をセンサーによりセンシングし、離れた場所にあるPC画面に情報をモニタリングするシステムを運用している（図4）。

大丸神戸店では12枚のシースルーOPVを屋内側に設置している[10]。6枚ずつを1つの窓に設置し、全並列でバッテリーに繋いでいる。電力の使途はバッテリーの出力形態としてAC100V、DC5V（USB-typeA）、DC12Vが備わっており、そこからPCやスマートフォン、近設のPCモニターなどに使用されている（図5）。

OPV可動パネルというアイテムを開発している。このアイテムはフレーム付きパネル部分にOPVを組み込んでいる。移動やパネルの角度を変えることができ、土台の内部にはバッテリーなどを含み、イベントなどでその電力を使用するものである。半透明で両面受光であることから、OPVの意匠性を活かし、自由度をもった設置ができる（図6）。

7. OPVに適した市場

OPVについては、シリコン系太陽電池に対し、発電効率や、耐久性が及ばないため、屋上のシリコン系太陽電池の積極的置き換えを想定する太陽電池ではないと考えている。逆にOPVには半透明性、波長選択性、両面受光といった特長があるため、設置の環境において、軽量であることと併せての使途・メリット（独自の用途）があると考えられる。

また、発電した電力については系統に戻すのではなく、電力の地産地消として、その場で使用することが望ましいと考えられる。例えば、建物エントランスの窓面での発電であれば、そのエリアでの電力の使用が望ましいと考える。

一方、OPVをこれまでシリコン太陽電池では設置できなかった場所に設置し、温室効果ガス排出削減目標に向けた取り組みへの一つの手として使うことが望ましいと考える。

例えば、建物であれば、屋上には既設のシリコン太陽電池を残し、中層階には屋外を望める半透明太陽電池、下層階には商業施設等があるため、発電するポスターやショウルームでのタペストリー等の適用が考えられる。

意匠付与のためにモジュール表面に印刷することにより、片面での発電を維持しながら、別の面で印刷による宣伝や情報等の意匠付与も可能である。

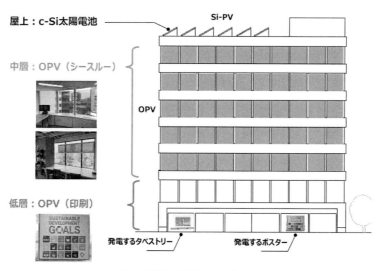

図7　OPVの適用イメージ

　このように、これまで看板であったり、ポスターとして使用されていた"発電に使われなかった表面"を発電に用いることにより、シースルー、薄さ、軽さ、意匠性を活かした電力供給が可能である。
　また、シースルーであることにより、窓回りや農業用ビニルハウスなど、補強が困難でありながら太陽光を活用したい環境に導入し、発電ができる。もし、OPVが不透明だった場合には、アモルファスシリコンやCIGSといった、フレキシブルでありながら軽量である太陽電池と同じ土俵の太陽電池となり、発電効率、コストによる競争に巻き込まれることとなってしまうと考えられる。
　以上のように、OPVならではの用途への適用が望まれ、OPV自体はフレキシブルかつシースルーでないと市場に受け入れられず、存在の意味がないと考えられる。

おわりに

　現在市場では太陽電池の9割以上がシリコン系太陽電池であるが、昨今、フレキシブル太陽電池としてOPVやPSCが注目されている。これら二者の市場は比較的近いと考えられ、OPVが先陣を切って市場開発が進む中、現状開発が急速に進むPSCの市場開発が進めば、適用用途の拡大によりOPVにも適用できる市場が形成、増加していくと考えられる。OPVの方がより大気下での生産可能性が高いと考えられ、量産によるコストダウンが期待される。その量産のためには封止技術や材料の安定化やコストダウン、周辺材料の固定化、OPVならではの電力使途の開拓（例：農業分野での育成と発電の波長選択）などが必要になると考えられる。それらの達成により、温室効果ガス排出削減目標への貢献にも貢献し、サスティナブルな社会環境の維持にもつながると考えられる。

参考文献

1) C. W. Tang, Appl. Phys. Lett. 1986, 48, 183.
2) G. Yu, J. Gao, J. C. Hummelen, F. Wudl, A. J. Heeger, Science 1995, 270, 1789.
3) J. C. Hummelen, B. W. Knight, F. LePeq, F. Wudl, J. Yao, C. L. Wilkins, J. Org. Chem. 1995, 60, 532.
4) C. Guo, Y. Sun *et al*, Energy Environ.Sci.,2024,17,2492
5) https://www.nrel.gov/pv/assets/pdfs/best-research-cell-efficiencies.pdf
6) https://www.sigmaaldrich.com/JP/ja/technical-documents/technical-article/materials-science-and-engineering/photovoltaics-and-solar-cells/organic-photovoltaic-applications-internet-of-things
7) https://www.env.go.jp/policy/kenkyu/suishin/kadai/syuryo_report/pdf/B-0807.pdf
8) M. P. Tang *et al*, Solar Energy Mat. and Solar Cells, Volume 156, Nov. 2016, 37
9) https://shingi.jst.go.jp/pdf/2023/2023_mirai_005.pdf
10) 神戸新聞　https://www.kobe-np.co.jp/news/sougou/202211/0015787531.shtml

有機薄膜太陽電池の高効率化・耐久性向上に向けた
構成部材の最新開発動向と応用展開・今後の展望
～シースルー化・モジュール化・市場展開の課題・
信頼性確保のためのバリア材～

発行　令和6年　10月17日発行　第1版　第1刷

監　　　修　向殿　充浩
定　　　価　55,000円（本体50,000円＋税10％）
発行人・企画　陶山正夫
編集・制作　青木良憲、金本恵子
発　行　所　株式会社AndTech
　　　　　　〒214-0014
　　　　　　神奈川県川崎市多摩区登戸2833-2-102
　　　　　　ＴＥＬ：044-455-5720
　　　　　　ＦＡＸ：044-455-5721
　　　　　　Email：info@andtech.co.jp
　　　　　　ＵＲＬ：https://andtech.co.jp/

印刷・製本　倉敷印刷株式会社